饲用燕麦
标准化栽培技术

◎ 王建华　黄　海　陶　雅　著

中国农业科学技术出版社

图书在版编目（CIP）数据

饲用燕麦标准化栽培技术 / 王建华，黄海，陶雅著 . 北京：
中国农业科学技术出版社，2024. 6. -- ISBN 978-7-5116-6865-3

Ⅰ . S512.6

中国国家版本馆 CIP 数据核字第 2024MS4760 号

责任编辑	陶	莲
责任校对	王	彦
责任印制	姜义伟	王思文

出 版 者　中国农业科学技术出版社
　　　　　北京市中关村南大街 12 号　邮编：100081
电　　话　（010）82109705（编辑室）（010）82106624（发行部）
　　　　　（010）82109709（读者服务部）
网　　址　https://castp.caas.cn
经 销 者　各地新华书店
印 刷 者　北京建宏印刷有限公司
开　　本　185 mm×260 mm　1/16
印　　张　15.5
字　　数　330 千字
版　　次　2024 年 6 月第 1 版　2024 年 6 月第 1 次印刷
定　　价　80.00 元

《饲用燕麦标准化栽培技术》
作者名单

主　著： 王建华　黄　海　陶　雅

副主著： 高凤芹　靳慧卿　杨　健　柳　茜

参著者（按姓氏笔画排序）：

王学峰　尔墩扎玛　包布和　刘博文

米俊珍　孙启忠　李　洋　李　峰

李文龙　吴　彬　吴庆华　张亚光

张金文　阿　仑　林　琳　徐凤珍

景媛媛　喻斌斌　薛　峰　魏晓斌

前　言

　　燕麦为我国传统一年生优良草料兼用饲草或作物，具有悠久的栽培历史。《尔雅.释草》曰："蘥，雀麦"，郭璞注："即燕麦也"，由此可见，燕麦早在晋代就有栽培。近几年，随着我国畜牧业高质量快速发展，特别是奶业高质量的快速发展，需要大量的优质饲草来支撑。

　　在相关产业政策扶持下，我国燕麦产业发展取得显著成效：一是优质燕麦种植面积不断增加，燕麦产量和质量明显提升，商品草生产呈上升趋势，草产品核心竞争力显著增强；二是产业化程度不断增强，智能化生产水平不断提高，专业服务化悄然兴起，产业呈强劲发展新态势；三是燕麦成为我国奶业全产业链中重要的生产要素，燕麦已成为我国奶牛三大饲草之一，对奶业高质量发展的支撑保障作用不断增强，基础地位不断巩固；四是综合效益显著，经济效益、生态效益及社会效益明显。

　　内蒙古自治区既是我国奶业发展强区，也是燕麦消费大区，同时还是燕麦生产大区。随着内蒙古自治区高质量畜牧业的快速发展，特别是高质量奶业的快速发展，不仅对燕麦的数量，而且对其质量也提出了更高的要求。为了确保内蒙古自治区燕麦产业的高质量发展，强化燕麦的规模化种植、标准化管理、机械化作业，内蒙古自治区市场监督管理局下达了《内蒙古自治区饲用燕麦高质量标准体系建设》项目。该项目由呼和浩特市农牧技术推广中心承担主持。

　　为了更好地完成《内蒙古自治区饲用燕麦高质量标准体系建设》项目的任务，项目主持单位（呼和浩特市农牧技术推广中心）组织了中国农业科学院草原研究所、内蒙古农业大学、内蒙古农牧业科学院、内蒙古正实生态农业（集团）有限公司等在燕麦生产、加工和利用方面有一定研究基础和种植经验的单位共同参与完成。本书就是在该项目工作基础上完成的，是项目研究成果的集中体现。

　　本书主要介绍了栽培燕麦的起源与古代种植、我国燕麦发展现状、燕麦的生长发育与适应性、饲用燕麦种植模式选择、饲用燕麦品种与种子质量要求、燕麦种植技术、燕麦田间管理、饲用燕麦收割与加工技术、饲用燕麦草产品储运与追溯、燕麦草质量评价、燕麦种子生产技术等内容。尽管书中技术与理论来源于生产实践，有些技术已在生产中得到广泛使用，但许多技术标准还需要在生产实践中继续进行检验，还需要进一步完善与修订。

本书附录中所收录标准均保留原文格式体例，并注明标准类别、编号、ICS 号、CCS 号、发布和实施日期、发布单位等详细信息，以便读者查阅和参考。

由于时间短促和作者水平所限，书中不妥甚至错误在所难免，恳请读者批评指正。

目　录

第一章　栽培燕麦的起源与古代种植

　　燕麦起源于中国，在我国有悠久的种植栽培史，主要分布于东北、华北和西北高寒地区，内蒙古、河北、甘肃、青海、新疆等地种植面积较大，成为我国燕麦的主产区。近年来，随着畜牧业的快速发展，特别是奶业的快速高质量发展，对燕麦饲草的需求量亦越来越大，拉动了燕麦种植业的快速发展，燕麦规模化种植、产业化发展和智能化管理在我国农区和农牧交错区得到了快速发展，已成为这些地区的重要饲草产业和特色产业，亦成为我国饲草的支柱产业。

第一节　栽培燕麦的分类与起源

一、燕麦的分类与分布

　　燕麦分为三种：即燕麦（*Avena sativa* L.）、鞑靼燕麦（*A.orientalis*）和莜麦（*A.nuda* L.）。后二者有时被认为是燕麦的变种（胡先骕，1953）。

　　燕麦亦称普通燕麦（图1-1），通常所种燕麦，其圆锥花序四面张开，有颇多品种，可分为四型：①圆锥花序硬而直立；②圆锥花序塔形，其枝细长而弱，上升；③圆锥花序广为张开；④圆锥花序软而下垂。其麦粒有白、黄、灰（冬燕麦）、褐、黑等色，有有芒者和无芒者（胡先骕，1953），原产于欧洲、亚洲，生长季节短，适于在我国北部和西北部栽培（崔友文，1959）。燕麦乃为极重要的牧草，在河北、内蒙古北部，栽培至广（崔友文，1953）。

　　莜麦又名油麦，学名为 *Avena nuda* L., 其麦仁裸露，与内外颖苞分离，一打即脱落，我国山西、陕西、甘肃、内蒙古、河北、青海及宁夏所种均为此种（胡先骕，1953）。莜麦与燕麦（*Avena sativa* L.）极其相似，但莜麦的小穗通常具 3～4 花。而且小

图1-1　燕麦
（资料来源：崔友文，1959）

花的小花梗较燕麦长，花期后小花多伸出颖外；种子成熟后易与外稃脱离。花期在7—8月，果熟期在8—9月（内蒙古）（崔友文，1959）。莜麦原产于我国北部（内蒙古）、苏联和蒙古国，我国西北如山西、陕西、甘肃、青海、新疆一带，栽培很广（崔友文，1959）。

轶耙燕麦，又名旗燕麦。此种燕麦的小穗生于圆锥花序的一面，其枝直立，贴近主轴。其品种有无芒白、有芒白、有芒黄、无芒褐、有芒褐等。

青稞麦（*A.fatua* L.var glabrata Peterm）为野燕麦的一种（图1-2），也称野燕麦（胡先骕，1953；崔友文，1959）。其茎瘦弱而长，若混生于栽培种中，则见高出其上。其小穗有三花，生于外颖苞上的芒弯曲颇甚。其与栽培种不同处为在外颖苞基部与小穗轴上有赤褐色的长毛，与其麦粒有显著的关节（胡先骕，1953）。野燕麦原产于欧洲、亚洲和非洲；我国华北、华中、西南和西北各地都有野生。日本、印度略有分布（崔友文，1959）。

图1-2 青稞麦
（资料来源：崔友文，1959）

二、燕麦的起源地

崔友文（1959）认为，野燕麦是燕麦（*A. sativa*）的野生种，但其外颖外面中部以下特密生褐硬毛，基本毛更密；背上毛特长；每超过2.5 cm，基本扭转，容易识别。胡先骕（1953）指出，有若干专家认为通常栽培的三种燕麦，皆起源于野生燕麦。野生燕麦经栽培后即失去其关节的脆弱性与其毛，有时并失去其芒。粗糙燕麦与短燕麦野生于地中海一带、波斯、美索波达米亚、西欧及英国的毛燕麦（*A.barbata*）；阿比西尼亚燕麦野生于非洲北部及阿拉伯的韦士特燕麦（*A.wiestii*）；地中海燕麦出于飞燕麦（*A.sterilis*），原产于地中海一带。特拉布特在此一带发现此种甚多形式，由小而无用的形式至现在栽培的品种。阿尔基内亚燕麦为普通栽培种（胡先骕，1953）。

三、我国栽培燕麦的起源

燕麦在我国已有相当长的栽培历史。考古发现在甘肃天水西山坪遗址曾出土过距今4600年的燕麦遗存（李小强，2007），在我国青海湟水中游海东的红崖下阴坡遗址也曾出土过距今约3000年的燕麦（贾鑫，2012）。我国是燕麦的起源地，它起源于野燕麦（*A. fatua*）。孙醒东（1951）认为，燕麦（*A. sitiva* L.）由 *A. fatua* 野生种演化而来。野生种经过长时间种植后，其易脆之关节、毛及芒等，乃逐渐消失，而变为燕麦栽培种矣。胡先骕（1953）也持同样的观点。

野燕麦（*A. fatua*）在我国南北各地均有分布，特别是在华北北部长城内外和青藏高原，野燕麦的分布尤其普遍。古乐府中的"道边燕麦，何尝可获？"即指野生燕麦。野燕麦对生长条件要求不严，具有较短的生育特征，可在短期内种子成熟，经常与农作物混同生长在田间，株高粒大，完全处于栽培状态，其不同之处在于当它快要成熟时，籽实全部脱落。又由于它繁殖力强、生长快，常以压倒优势侵占全田，被人们视为一种恶性杂草。另外，野燕麦能适应高寒气候，且具有耐瘠薄的特性。这些特性在生产过程中逐渐被当地居民所注意和认识。当大田作物不能适应而遇到灾害时，野燕麦很快就被人们栽培利用起来，代替了那些不能适应的农家作物。随着栽培条件的改变，野燕麦如果受到几年的细心培育和选择，就可变成和栽培型差不多相似的类型。野生型原本具有脱粒性，通过栽培驯化，又可能转变为非脱粒性，还可以作为饲料来利用，野燕麦就变成了如今的栽培型燕麦（李璠，1979；李璠，1984）。

燕麦的发源地也与其他作物一样，应是基本品种多样性最集中的地方。作物本身应具有较多的显性基因，类型极为丰富，地理条件应多是山区或岛屿或隔离区。对于一系列作物，都发现了一个重要的事实，那就是它们起源于几个地区、几个发源地或中心。这些作物，常常有明显不同的生理特性和染色体数目，这在燕麦上尤为明显，可以清楚地看出燕麦的基本分布。瓦维洛夫认为："有的属更为复杂，例如燕麦。有趣的是，不同的燕麦种染色体数目不同，有各自不同的发源地，其产生和二粒小麦及大麦单独的地理类群有关。随着古代二粒小麦栽培的向北推移，和这种作物一起带来的杂草（燕麦）排挤了二粒小麦，成了独立的作物。育种家在寻找燕麦新类型、新基因时，应该特别注意古代二粒小麦栽培发源地，它是栽培燕麦最大的和原始的多样性基因的保存地。"在他所著的《世界主要栽培作物八大起源中心》中所列为："栽培燕麦（*A.satira* L.）与地中海燕麦（*A.byzantina* C.Koch）起源于前亚，即高加索、伊朗山地、土库曼斯坦与小亚细亚，沙燕麦（比利牛斯，*A.byzantina* C.Koch）起源于地中海。"关于裸粒燕麦起源问题，世界权威植物学家认为起源于中国。1935 年瓦维洛夫在《育种的理论基础》一书中提道："经常发现极其有趣的原始隐性类型，这是自交突变类型的结果。我们有大量的这类事实，由此揭示了一些有趣的规律，例如，中国的特点，是由新起源地引到这里的次生作物存在特殊的类型。裸粒是典型的隐性性状，大粒裸燕麦是这些隐性性状分离出来的与中国古代育种者已进行的选择分析，可以认为上述结论有一定可靠性。"

四、燕麦的名称

我国燕麦的种植历史可追溯到战国时期。据《史记》记载，《司马相如列传》在追述战国轶事中提到的孟康（三国广宗人，魏明帝时任弘农守）的注释："䅟，禾也，似燕麦"。因为䅟属于禾的范畴，故与稻、秫、菰、粱一样，同属于大宗栽培作物。由此可见，我国燕麦的种植历史至少已有 2100 年之久。据罗马史学家普林尼记载，欧洲种植燕麦的可靠历史是公元前一世纪。因此，中国燕麦的栽培史早于世界其他国家。燕麦在我国栽培历史悠久，由于栽培地区的不同，燕麦出现了不少异名。据《中国农业遗产选集》记载，历史上中国燕麦的异名较多。《尔雅·释草》（公元前476—221年）称之为"蕎"；《穆天子传》称之为"楚草"；《黄帝内经》（春秋战国）称之为"迦师"或"阿师"；《史记》（公元前104—96年）称之为"籥"；《尔雅·释草》曰："蕎，雀麦"。晋·郭璞注："即燕麦也"。《广志》称之为"析草"；《唐·本草》称之为"草稀麦"；明代朱橚《救荒本草》有燕麦的记载（"燕麦"名字被《中国植物志》所采用）；《农政全书》记载"玄扈先生曰：今人皆指穬为大麦，又有雀麦，即燕麦也。"李时珍《本草纲目》中有记载："燕麦多为野生，因燕雀所食，故名"。张自烈《正字通》云："燕麦，野燕麦也。草是麦。亦曰雀麦。"《尔雅》："蕎，雀麦。"清代《诗传名物集览》曰："燕麦、蕎、雀麦。"（图1-3）《庶物异名疏》称之为"错麦"，《植物名实图考》及晚清以后的地方志上称之为"油麦"。"莜麦"一词始见于1830年沈涛著的《瑟榭丛淡》。

现代燕麦（*Avena nuda* L.），别名较多，华北称之为"莜麦"；西北称之为"玉麦"；西南称之为"燕麦"，也称"莜麦"；东北称之为"铃铛麦"。

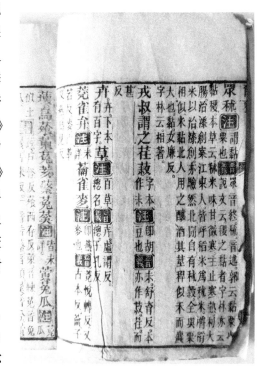

图1-3 《尔雅》

第二节 我国古代燕麦种植分布

一、燕麦种植概况

燕麦是世界性的古老粮饲兼用作物，起源于中国，主要分布在北半球北，我国是世界上燕麦栽培面积最大的国家，华北、西北、西南高寒冷凉区均有种植，主要分布在晋、冀、蒙三省（区）的高寒地带，占全国燕麦种植总面积的70%。其次在陕、甘、宁、青四省（区）的六盘山南北、祁连山东西、秦巴山区，以及四川、云南、贵州三省的大、小凉山及乌蒙山区的高海拔地带也有种植，约占燕麦种植总面积的30%。

二、云贵川等南方地区燕麦种植

燕麦在我国南方种植的历史悠久，方国喻先生撰著的《纳西族象形文字谱》，考证了纳西族的《东巴经》中有关燕麦的象形字，而《东巴经》著于公元 9 世纪左右，至今彝族祭奉祖先必用燕麦糌粑，相传是彝族祖先最爱吃的东西。《维西见闻录》记载："夷人炒而舂面，入酥为糌粑，其味如荞面细，耐饥、穷黎嗜之，性寒，食之者多饮烧酒，寝火炕，以解其凝滞。"文中的"夷人"指我国东部少数民族。黎族古居广东省，说明古代广东省也有燕麦种植。

《云南通志》记载："燕麦状如鹊麦，夏种秋熟……土人以为干糇，有饭，糯二种。"明穆宗六年（1572 年）邹应龙纂修《云南通志》记载："麦【有小麦大麦燕麦玉麦西方麦数种】"，说明在明代云南就有燕麦种植。清陈元龙在《格致镜原》指出，在云南滇南沾益可以看到燕麦，《格致镜原》曰："升庵外集古乐府云田中燕麦何尝可获言虚名无用也然燕麦滇南沾益一路有之土人以为朝夕常食非虚名也"。

明杨慎《丹铅总录》有专条「兔丝燕麦」曰：

《古乐府》云：道傍兔丝，何尝可络？田中燕麦，何尝可获？言虚名无用也，盖兔丝非丝而有丝之名，刘禹锡文作兔葵燕麦非也，今按兔丝虚名是也。燕麦滇南沾益一路有之，土人以为朝夕常食，非虚名也。或者古昔云南未通中国，但有燕麦之名未见其实乎（图 1-4）。

丹铅总录卷四
兔丝燕麦
古乐府云道傍兔丝何
尝可络田中燕麦何尝可获
言虚名无用也盖兔丝非丝
而有丝之名刘禹锡文作兔
葵燕麦非也今按兔丝虚名
是也燕麦滇南沾益一路有
之土人以为朝夕常食非虚
名也或者古昔云南未通中
国但有燕麦之名未见其实
乎

图 1-4　明杨慎《丹铅总录·卷四》

清《贵州通志》也记载了燕麦，曰："麦【有小麦大麦燕麦荞麦数种】"清《遵义府志》记载："燕麦，俗呼香麦，又呼油麦。做饼，人珍食之。并八月种，四月收。惟香麦种收稍迟。"这说明在遵义燕麦一般在头年的八月播种，在第二年四月收割。并指出燕麦的播种收割要其他麦类作物稍晚。

四川郫县为传统燕麦种植区，据清嘉庆十八年（1813 年）县令朱鼎臣主持编纂的《郫县志》记载："燕麦，俗名油麦，只可饲牛，不堪人食。"

《湖北通志》物产谷属中也提及燕麦，该省西南的《来凤县志》记载："燕麦农家以为佳种较大，小麦优良"。

三、北方燕麦种植分布

1881 年英国皇家亚洲协会华北分会布列斯尼德（Bresch—Neider）编写的《中国植物杂志·十六卷》记载："裸粒燕麦在中国五世纪已有栽培。"1981 年，中国农业科学院作物品种资源研究所及山西省高寒作物研究所等单位进藏考察人员，在松赞干布墓的佛像中发现了燕麦籽粒。据此，燕麦在西藏作为农作物栽培，距今至少已有 1000 年左右的历史。从《尔雅》释草篇传说周公撰著（时间约西周或春秋时代）上"蘥"的记载，"蘥燕麦"即燕麦。《史记》司马相如列传，在追述战国轶事中有"箴"的记载，按孟康（三国广宗人，魏明帝时为弘农守）注释"箴"以（是）燕麦。从文字记载证实，燕麦作为一种农作物在我国种植，至少有 2100 多年的历史。而罗马史学家普林尼，在公元一世纪，才把燕麦作为日耳曼民族的食用作物加以记述。据此，中国栽培燕麦早于世界其他国家。燕麦在我国种植的历史之久、分布之广、品种之多，是有文献可查的，对轮作制度与栽培技术也有相当的研究，至今在生产中仍起一定的作用。

中国农业科学院作物品种资源研究所、山西省高寒作物研究所等单位 1980 年在云南地区考察时，访问时发现当地少数民族也是用燕麦祭奠祖宗，敬奉"神仙"，招待贵客。明《授时通考》记载："和顺县土产麦、春麦、雪麦、大麦不多种，油麦性寒多种，种五谷之半……霜前收，可佐二麦之欠。"《陕西通志》商州者记载："有老燕麦、小燕麦二种"。《延绥县志》记载："燕麦与江淮同，榆人多种之，九月收其实，细如小麦，不甚有稃，炒食佳"。但是，现在华中地区、江淮一带燕麦几乎绝迹。《甘肃通志》记载："燕麦一名苜麦……唐于泾渭间置八马坊地二百三十顷，树苜麦，苜蓿，可饲牲畜，且不待粪壅，故种植者颇获其利"。说明在唐代就总结出了苜蓿的草田轮作制。

我国北方自古代至现代均是燕麦的主产区，古代北京、河北、山西、陕西和青海均有燕麦种植（表 1–1）。

表 1–1　我国古代燕麦种植分布

朝代	种植地	描述	出处
唐	幽州、檀州	唐代幽、檀二州地区农作物，主要有粟、小麦、水稻、胡麻、豌豆、大麦、穬麦（即燕麦）、荞麦等	于德源，《北京农史》
明	延绥镇、商州、山阳县	【延绥镇志】有老燕麦小燕麦二种，小燕麦生山坡【商州志】燕麦粒细长，似菰米，宜山地不宜肥【山阳县志】	赵廷瑞，《陕西通志》
明	汾州	汾州南诸属亦有春种大麦，名春大麦，又麦之别种曰燕麦，俗称莜麦，夏秋种。性寒，宜边地，太原、大同、朔平、宁武及吉隰泽汾近属胥有之，曰荞麦；秋种有红黑斑三种，谚曰中秋有月，则荞麦多实诸属胥有之	李维祯，《山西通志》
清	遂州	元《遂州道中》： 迢迢古河堤，隐隐若城势，古来黄河流，而今作耕地。都邑变通津，沧海化为尘，堤长燕麦秀，不见筑堤人	黄彭年，《畿辅通志》

续表

朝代	种植地	描述	出处
清	定襄县 绛州 西凉县	定襄县物产大麦、小麦、荞麦、油麦、燕麦；绛州物产麦之属，大麦有芒芽，可为饴糖，小麦有芒无芒种甚多，荞麦燕麦炒以为糗可食；西凉县土产大麦、黑大麦、酱麦、燕麦、冷山麦，换香头斑鸠	鄂尔泰和张廷玉，《钦定授时通考》
清	青海	青海向为蒙、番牧薮，久禁汉、回垦田，而壤沃宜耕者不少。曩年龚尧定议开屯，发北五省徒人能种地往布隆吉尔兴垦。最后庆恕主其事，以番族杂居，与纯全蒙地殊异，极陈可虑者五端。嗣又劝导蒙、番各族交地，以资拓殖，无论远近汉民皆得领，惟杜绝回族，以遏乱萌。于是开局放荒，黄河以南出荒万余亩，迤北至五万余亩。又虑其反复也，募实兵额，分留以镇詟之。番地僻，山峻且寒，仅燕麦莱籽，虽岁穰，亩收不过升四五，课务取轻，以此推行	北洋政府设馆编修，《清史稿》

资料来源：陶雅和林克剑，2022。

四、内蒙古古代及近代燕麦种植

公元七世纪至九世纪，内蒙古就有栽培燕麦的记载（内蒙古自治区农业志编委会，2000）。清张曾《归绥识略》记载："燕麦穗细小，子小，去皮作面，可救饥。……雁门一带亦间呼为燕麦。"1929—1933 年绥远省平均每年播种莜麦 29.3 万 hm²，1936 年达 34.7 万 hm²，总产 20.7 万 t，平均每公顷产 5970 kg。1934 年原察哈尔盟多伦、宝昌、商都 3 县莜麦播种面积为 2047 hm²，中产 0.689 万 t，每公顷产量仅为 303.3 kg。1943 年克什克腾旗莜麦播种面积 9314 hm²，每公顷产量为 764 kg，总产 7125 t；林西县 12 300 hm²，每公顷产量为 690 kg，总产 8475 kg。20 世纪 30 年代，内蒙古全区莜麦面积约 40 万 hm²，平均每公顷产量为 558 kg，总产 22.35 t（内蒙古自治区农业志编委会，2000）。据始于 1931 年编纂，1937 年完成的《绥远通志稿·卷二十》记载："莜麦一作油麦，即莜麦也。播种时期，在立夏前后。收获时期，在处暑、白露间。每亩需籽种三升。此种谷物，旱瘠之地亦宜播种。山前、山后各县，均广种之。为本地人民日常之主要食品。"在《绥远通志稿·卷二十五》又记载："莜麦又名油麦，即莜麦也。穗疏而粒少。产量不及小麦。故农家多于薄田种之。其面为本地人民日常之主要食品。"（郭象伋，2007）。

燕麦适于高寒地丘陵地区栽培。燕麦在内蒙古东部区主要分布在多伦连接赤峰、经棚一带以西地方及经棚林西一带地方，这一地区历史上燕麦（莜麦）曾占粮豆播种面积的 40% 左右。20 世纪 30 年代末至 40 年代初，克什克腾旗莜麦面积占粮豆面积的 20%，林西县占 16%，翁牛特旗占 7%。赤峰市西北广庆源一带也有种植。西部区主要分布在东起锡林郭勒盟多伦县西至巴彦淖尔市乌拉特中旗阴山山脉以北地区，阴山以南有栽培，但面积不大（内蒙古自治区农业志编委会，2000）。

第二章　我国燕麦发展现状

习近平总书记在党的二十大报告中强调，坚持以推动高质量发展为主题，加快建设现代化经济体系，着力提高全要素生产率，着力提升产业链供应链韧性和安全水平，推动经济实现质的有效提升和量的合理增长。饲草业是畜牧业高质量发展的基础产业，燕麦（*Avena sitiva* L.）是我国重要的一年生饲草（王栋，1956；胡先骕和孙醒东，1955），它不仅是我国畜牧业高质量发展的重要生产要素，而且也是奶业三大饲草（苜蓿、青贮玉米和燕麦）中不可或缺的要素，在奶业高质量发展中具有举足轻重的作用。

处在新的发展时期，回眸我国近年来的燕麦产业发展，不难看出其种植规模不断扩大、产量不断增加，商品草生产呈上升趋势，智能化生产水平不断提高，专业服务化悄然兴起，产业呈强劲发展新态势。由于我国畜牧业的快速发展，特别是奶业的快速发展，不仅对燕麦的数量，而且对其质量也提出了更高的要求。虽然我国燕麦产业发展形势趋好，但燕麦产业高质量发展还面临着诸多困难与挑战（陶雅和林克剑，2022），如何解决这些困难和应对这些挑战，值得我们思考。

第一节　燕麦产业发展态势

一、扶持燕麦产业发展的政策不断完善，产业基础地位明显增强

燕麦为我国传统一年生优良饲草，具有较长的栽培历史。《尔雅·释草》曰："蘥，雀麦"，郭璞注："即燕麦也"，由此可见，燕麦早在晋代就有栽培。随着我国畜牧业高质量的快速发展，特别是奶业高质量的快速发展，需要大量的优质饲草来支撑，国家为此出台政策鼓励扶持包括燕麦在内的优质饲草发展。2018年《国务院办公厅关于推进奶业振兴保障乳品质量安全的意见》明确指出："推广粮改饲，发展青贮玉米、燕麦草等优质饲草料产业，推进饲草料品种专业化、生产规模化、销售市场化，全面提升种植收益、奶牛生产效率和养殖效益。"这对提高燕麦产业化发展水平，增加生产效率和产品核心竞争力具有深远影响。2020年《国务院关于推进畜牧业高质量发展的意见》再一次提出："因地制宜推行粮改饲，增加青贮玉米种植，提高苜蓿、燕麦草等紧缺饲草自给率。"这对推进饲草料专业化生产，加强饲草料加工、流通、配送体系建设具有

积极的促进作用。财政部、农业农村部发布《2022 年重点强农惠农政策》提出，重点支持农牧交错带和黄淮海地区的规模化草食家畜养殖场（户）、企业或农民合作社等经营主体，收储使用青贮玉米、苜蓿、饲用燕麦等优质饲草。2022 年农业农村部、财政部发布了《关于实施奶业生产能力提升整县推进项目的通知》："支持通过租赁或长期订单等方式，促进青贮玉米、苜蓿、燕麦等优质饲草料种植和奶牛养殖就地就近配套衔接，推进南方草山草坡饲草资源开发利用，保障饲草料供应。"该文件的出台，持续支持饲草料种植、收获、加工、贮存设施设备改造升级，应用智能化机械设备，建设高水平优质饲草料生产基地将产生积极的影响和发挥巨大的作用。这些政策的出台标志着国家鼓励扶持包括燕麦在内的饲草产业发展的政策在不断完善，支持力度在不断增加。

经过近几年的有关燕麦产业政策扶持，我国燕麦产业发展取得显著成效：一是优质燕麦种植面积不断增加，产业化程度不断提高，燕麦产量和质量明显提高，草产品核心竞争力显著增强；二是燕麦成为我国奶业全产业链中重要的生产要素，燕麦已成为我国奶牛三大饲草之一，对奶业高质量发展的支撑保障作用不断增强，基础地位不断巩固；三是综合效益显著，经济效益、生态效益及社会效益明显。

二、种植面积不断增加，商品草产量逐年提高

在政策的扶持下，近几年燕麦种植面积在逐年增加（表 2-1），2020 年全国燕麦种植达 42.33 万 hm²，与 2016 年相比，增加 26.1%，2020 年燕麦总产量达 337.8 万 t，与 2019 年相比增加 7.3%。

表 2-1　2016—2020 年全国燕麦生产情况

年份	种植面积（万 hm²）	干草总产量（万 t）	青贮量万 t
2016	33.58	—	—
2017	41.99	—	—
2018	37.79	—	—
2019	35.58	314.8	86.7
2020	42.33	337.8	75.6

资料来源：中国草业统计（2016 年、2017 年、2018 年、2019 年、2020 年）。

三、产业链逐步完善，外包服务组织不断壮大

随着燕麦产业的发展壮大，集科研、生产、运营为一体的燕麦种质资源创新、新品种培育、种植、收割、加工、储存、运输、销售等全产业链趋于完善，企业或农民合作社以及专业化燕麦种植服务组织逐步发展壮大，一批善管理、会经营、守信用、带动能力强的燕麦种植企业或农民合作社正在燕麦产业发展中发挥着重要作用。

近几年，外包服务在包括燕麦在内的饲草生产中悄然兴起。燕麦专业化服务组织，

围绕燕麦生产关键环节提供专业化服务，这些组织在燕麦播种、田间管理、收割、加工、储运等方面提供全方位服务。服务形式多样，包括全托管或半托管或提供专项服务。燕麦外包服务组织的出现，一方面提高了燕麦生产过程中的专业化、标准化和整体化的管理水平，并降低种植企业或合作社的管理成本；另一方面也降低了燕麦生产者因购买大型机械的投入，同时也使机械利用率显著提高；再就是促进了燕麦种植生产过程中的社会化分工，使燕麦生产者或土地拥有者从燕麦种植、田间管理、水肥供给、收割等繁重的工作中分离出来，专心进行燕麦产品营销和土地管理等，而服务公司可专心进行燕麦生产关键环节、关键技术研究和精准管理。

四、智能化生产程度不断提升，数字化管理水平进步显著

燕麦生产管理智能化、数字化的程度也在逐步加强，在县域层面，由中国农业科学院农业资源与农业区划研究所协助云南省会泽县农业农村局建立了首个燕麦数字中心，目前实现了燕麦田间的病虫害识别与诊断、水肥供需智能监测与决策等一系列专家智能决策系统与装备，正在燕麦生产中得到不同程度的应用。针对燕麦大田种植分布广、监测点多、布线和供电困难等特点，利用农业物联网技术，采用高精度多模块土壤温湿度传感器和智能气象站，远程实时传输土壤墒情、酸碱度、养分、气象信息、燕麦长势等信息，实现墒情（旱情）自动预报、灌溉用水量智能决策、远程、自动控制灌溉设备等功能，通过实施智慧管理快速形成种植管理解决方案，最终达到精耕细作、精准施肥、合理灌溉的目的。

五、"三闲田"种植模式不断优化，规模化发展已成常态

充分挖掘"三闲田"等农闲田土地资源，立足气候条件和资源禀赋，改变传统种植方式，出现了利用春闲田、秋闲田和冬闲田（简称：三闲田）种植燕麦、小黑麦等一年生饲草模式（表2-2）。内蒙古河套灌区每年种植向日葵300多亩，向日葵一般在6月中旬播种，农田在播种之前有65～70 d的闲置期，当地利用这段时间种植短日期燕麦获得成功，形成燕麦＋向日葵的种植模式，春闲田燕麦干草可达500～550 kg/亩。河套灌区每年小麦播种面积达100多万亩，小麦7月中下旬收割后到初霜出现，仍有75～80 d的生长期，当地利用秋闲田复种燕麦形成小麦＋燕麦的种植模式，干草产量可达650～700 kg/亩。为了鼓励利用春闲田、秋闲田种植燕麦，巴彦淖尔市政府出台了春闲田、秋闲田种燕麦补贴100元/亩的扶持政策，目前春闲田、秋闲田种植燕麦已形成规模化生产（图2-1），使传统的一年一季，改为"一季改两季"种植模式（陶雅和林克剑，2022）。

我国南方冬闲田资源丰富，云南省在全国率先利用冬闲田种植燕麦获得成功（徐丽君，2022）。会泽县位于云南省东北部，隶属曲靖市。2017年探索利用冬闲田种燕麦获得成功，到2021年已实现规模化生产，2019年、2020年和2021年分别种植10万亩、

15 万亩和 20 万亩。会泽县政府出台了种植燕麦补贴政策。会泽县是马铃薯种植大县，年种植面积在 80 万～100 万亩，秋燕麦＋夏马铃薯种植模式，主要是 10 月下旬至 11 月初种燕麦，翌年 6 月初种马铃薯，马铃薯之后再种燕麦，形成秋燕麦—夏马铃薯—秋燕麦的循环往复。通过改变种植节令，不仅提高了燕麦产量，而且也增加了马铃薯的产量。

表 2-2 "三闲田" 饲草种植模式

农闲田	地区	种植模式	饲草播种时间
春闲田	河套灌区	燕麦＋向日葵	3 月中下旬
秋闲田	河套灌区、宁夏黄灌区	小麦＋燕麦	7 月下旬至 8 月初
冬闲田	河套灌区	小黑麦＋向日葵	9 月底
	滇东北、滇西北、大凉山	燕麦＋马铃薯	10 月中下旬
		燕麦＋玉米	
		荞麦＋烤烟	
		燕麦＋水稻	
		燕麦＋蔬菜	
		燕麦＋核桃	
		（林下）	

图 2-1 冬闲田燕麦

秋燕麦＋夏马铃薯种植模式是种植模式的变革，是农业科技的创新，也是科技成果落地的体现（柳茜等，2020；2022）。秋燕麦＋夏马铃薯种植模式意义重大，一是使会泽高寒冷凉山区由传统的一年一茬，变为一年两茬，提高了复种指数和土地的利用率；二是充分利用冬闲田种植燕麦，未造成因种燕麦与主要作物争用耕地的问题；三是增加了冬闲田的覆盖，并减少面源污染（燕麦、马铃薯均不使用地膜），改善了生态环境。此外会泽县还形成了：玉米＋燕麦、水稻＋燕麦、荞麦＋燕麦等种植模式（表2-2，图2-2）。

图2-2　燕麦＋马铃薯模式

利用"三闲田"生产燕麦，避免了燕麦种植与主要作物争地的矛盾，使传统一年一熟农业区变为一年两熟，改变了这些地区的种植制度和种植观念，助推种植新模式、新技术和新业态的产生，具有广泛的应用前景（徐丽君等，2020）。

第二节　燕麦产业发展面临的困难挑战

一、重种质收集评价，轻资源创新利用没有从根本上改变

长期以来，我国在燕麦种质收集、评价方面取得了显著的成就，但在资源挖掘利用方面却重视不够。回望20世纪60—80年代，我国收集评价燕麦（*Avena sitiva* L.）种质资源522份（表2-3），既有国内资源，又有国外资源，优异性、丰产性、优质性、抗逆性等多样性尽在其中，如燕65株高可达185 cm，燕465种子产量可达5550 kg/hm²；生育期方面既有超短的，也有超长的，如燕447，美国产，生育期85 d，株高可达170 cm，抗倒伏，穗叶上举，紧凑，耐密植；燕1-524株高110～147 cm，生育期170～

190 d。从 1963 年开始收集评价燕麦资源，到今天已过去 60 多年了，但这些资源的利用远未达到预期目标，这批种质资源中的优异性状还未在生产中见到。迄今为止，重资源收集评价，轻资源创新利用仍未从根本改变（叶雪玲等，2023；赵秀芳等，2007）。

表 2-3　1963—1984 年我国燕麦（*Avena sitiva* L.）种质资源收集评价

永久号	原产地	引种时间（年）	分数（份）	特性
燕 18	河北张北	1968	1	野生，茎粗 4.5 mm，株高 140 cm，抗倒伏
燕 9- 燕 24	甘肃	1968	6	茎粗 3.3 ～ 4.3 mm，株高 130 ～ 146 cm
燕 25- 燕 36		1968	12	茎粗 4.7 ～ 5.5 mm，株高 144 ～ 160 cm
燕 37- 燕 43	苏联	1968	7	茎粗 4.5 ～ 5.0 mm，株高 160 ～ 170 cm
燕 43- 燕 59	加拿大	1968	16	茎粗 4.4 ～ 5.7 mm，株高 145 ～ 175 cm
燕 60	苏联	1968	1	茎粗 5.3 mm，株高 170 cm
燕 61	加拿大	1968	1	茎粗 4.3 mm，株高 120 cm
燕 62	德国	1968	1	茎粗 4.7 mm，株高 176 cm
燕 63- 燕 64，燕 85- 燕 90	匈牙利	1968	7	茎粗 4.7 mm，株高 15 ～ 176 cm，生育期 130 d
燕 65	苏联	1968	1	茎粗 4.9 mm，株高 184 cm，生育期 130 d
燕 66 燕 67，燕 72- 燕 73	罗马尼亚	1968	4	茎粗 4.7 ～ 5.1 mm，株高 176 ～ 180 cm
燕 68	蒙古国	1968	1	茎粗 4.8 mm，株高 160 cm，生育期 136 d
燕 69- 燕 71	保加利亚	1968	3	茎粗 4.2 ～ 4.5 mm，株高 140 ～ 145 cm，生育期 120 d
燕 74- 燕 76，燕 81- 燕 83	苏联	1968	6	茎粗 4.3 ～ 5.6 mm，株高 144 ～ 173 cm，生育期 115 ～ 136 d
燕 77- 燕 78	德国	1968	2	茎粗 4.9 ～ 5.2 mm，株高 144 ～ 176 cm，生育期 126 d
燕 79- 燕 80，燕 84	瑞士	1968	3	茎粗 4.6 mm，株高 142 ～ 150 cm，生育期 126 d
燕 91- 燕 94	瑞典	1963	4	茎粗 4.7 ～ 5.1 mm，株高 151 ～ 160 cm
燕 95- 燕 433	丹麦	1963	339	茎粗 4.1 ～ 6.1 mm，株高 100 ～ 181 cm，生育期 110 ～ 130 d
燕 434- 燕 446	加拿大	1974，1963	13	茎粗 3.1 ～ 4.8 mm，株高 115 ～ 149 cm
燕 447- 燕 449	美国	1973	3	株高 84 ～ 172 cm，生育期 85 ～ 90 d
燕 450- 燕 454	法国	1963，1967，1972	5	茎粗 5.3 ～ 6.0 mm，株高 110 ～ 120 cm
燕 455- 燕 463	瑞典	1963	9	茎粗 4.7 ～ 6.4 mm，株高 118 ～ 133 cm
燕 464	荷兰	1963	1	茎粗 5.6 mm，株高 141 cm
燕 465	挪威	1963	1	株高 180 cm，在西宁生育期 134 d，种子 5550 kg/hm²
燕 466	比利时	1963	1	茎粗 7.2 mm，株高 130 cm，茎粗叶宽，生长好
燕 467	罗马尼亚	1963	1	茎粗 5.7 mm

续表

永久号	原产地	引种时间（年）	分数（份）	特性
燕468–燕470	澳大利亚	1963	3	茎粗 3.2 ～ 3.5 mm，种子产量 4950 kg/hm² 左右
燕471–燕492	日本	1963，1973	22	茎粗 5.7 ～ 6.2 mm，株高 131 ～ 147 cm
燕493–燕494	维多利亚	1967	2	茎粗 4.0 ～ 4.4 mm
燕495	内蒙古	1967	1	茎粗 5.1 mm
燕496–燕505，燕508–燕510	黑龙江	1972	13	生育期（85 ～）105 ～ 115 d，种子产量 1695 ～ 4200 kg/hm²
燕506–燕507	河北察北	1970	2	株高 113 ～ 130 cm，生育期 94 d
燕511–燕516	青海	1974	6	株高 117 ～ 130 cm，生育期 90 ～ 97 d
燕517–燕522	匈牙利	1968	6	
燕1–524	巴基斯坦	1981	1	株高 110 ～ 147 cm，生育期 170 ～ 190 d
燕1–525–燕1–527	四川	1979	3	株高 115 ～ 130 cm
燕1–528	东北	1981	1	株高 90 ～ 105 cm
燕1–529	罗马尼亚	1959	1	
燕1–530	德国	1959	1	
燕1–531，燕1–533	美国	1959，1983	2	产量高，适应性强
燕1–531	青海	1982	1	产量高，耐寒，适应性强
燕1–534	澳大利亚	1983	1	在内蒙古产量低
燕1–355–燕1–537	加拿大	1983	3	产量高
燕1–538	内蒙古	1983	1	产量高
燕1–539	四川	1983	1	株高 100 ～ 159 cm

资料来源：中国农业科学院草原研究所，农牧渔业部畜牧局，1983。

二、新品种培育创新乏力，良种对外依从度在不断增加

目前在燕麦生长常见的国产品种在 20 ～ 25 个，这些国产燕麦品种大部分具有较强的抗逆，耐粗放管理，这些国产品种在长时间生产应用中，由于缺乏提纯复壮，种子混杂严重、世代不清、优良特性退化严重，导致品种的丰产性不足，优质性差。虽然近几年也培育出不少燕麦新品种，但是在产量和质量方面仍然没有根本性突破，即使少有突破，由于制种成本高等问题突出，种子生产专业化程度低，优良品种的试验、示范和推广力度不足，地方优良品种管理不规范，优良品种扩繁和商品化比例低，导致国产燕麦品种仍以低端质量产品为主。燕麦品种优良性和种子质量水平不高，总量供给不足，优质燕麦品种的种子长期依赖进口。

在燕麦主产区，如内蒙古阿鲁科尔沁旗，燕麦种植以国外品种为主，生产中国外燕麦占比在 90% 以上。从全国燕麦生产中燕麦品种应用看，良种对外依从度在不断增加（表 2-4），从表 2-4 可以看出，2018 年燕麦种子进口量仅为 4036 t，2021 年进口量达 13 225 t，2022 年略有减少，达 10 024 t。

三、突破资源约束难度加大，用地用水难日趋严重

土地是燕麦生产的根本，水是命脉。然而在我国燕麦生产中用耕地难、用水难问题愈加突出。目前增加燕麦总产量和提高优质燕麦供给能力主要靠扩大种植面积。现行保障粮食安全和耕地保护红线政策，燕麦生产占用耕地进行生产的可能性变得越来越小。今后燕麦种植大部分来源于荒漠地、旱地、沙地、盐碱地改造过来的土地。

水资源是制约燕麦产业发展的又一个关键因素。目前我国燕麦主产区均位于干旱半干旱区、地表水资源匮乏，燕麦生产主要靠抽取地下水灌溉种植，受水资源的约束要比土地更大。特别是一些地方由于长期超采灌溉，已出现相关生态问题。为了促进节约用水，有些地方对种植企业征收水资源税，增加了燕麦的种植成本。

四、种植基础条件较差，生产成本居高不下

发展高质量燕麦产量，需要标准化种植、节水化灌溉、机械化作业、规模化生产、智能化管理等现代化生产过程，这就要求土地平整度、土壤肥力充足、土壤保水保肥能力强、水利设施配套、道路交通方便等方面具备相应条件。然而，目前燕麦种植多数为坡地、沙地、盐碱地等，具备良好配套灌溉、机械化耕作等基础条件的地块不多，加之近几年基础建设投入少，大多数达不到高质量燕麦发展的要求，导致产量不高，优质率低，种植效益不理想，制约着燕麦高质量发展和产能的提高。

近几年，随着水资源、生产资料、能源、劳务和管理等费用的持续升高，特别是土地流转费用的居高不下，导致燕麦运营成本、生产成本和资本成本也持续增加。生产成本的最大变化是在燕麦种植和收获成本上，生产成本随着种子、化肥、农药和燃料成本及土地流转费的增加而增加，收获成本则随着设备和燃料等相关成本增加而增加，严重挤压了燕麦产业的利润空间。由于生产成本的居高不下，燕麦生产企业的负担越来越重，这将成为燕麦产业发展面临的一个严重困难。

五、供需矛盾依然突出，保障供给难度加大

未来一段时期，畜牧业的发展仍将持续快速增长，但苜蓿、燕麦等优质饲草供需矛盾突出，苜蓿、燕麦等严重依赖国外进口（表 2-4）。近年来，随着居民收入水平提高，牛羊肉和奶类需求持续快速增长。《国务院办公厅关于促进畜牧业高质量发展的意见》明确提出，到 2025 年牛羊肉和奶源自给率分别保持在 85% 左右和 70% 以上，要实现保供目标，优质饲草支撑奶牛、肉牛、肉羊饲养的缺口依然较大，特别是燕麦、

苜蓿对外依从度在逐年增加（表2-4）。自2010年进口燕麦0.90万t，到2020年进口达33.47万t，增加了36.2倍，2021年进口量略有下降。

表2-4　全国苜蓿、燕麦草及种子进口量

年份	苜蓿（万t）	燕麦草（万t）	燕麦种子（t）
2010	22.72	0.90	—
2011	27.56	1.27	—
2012	44.27	1.75	—
2013	75.56	4.28	—
2014	88.40	12.10	—
2015	121.0	15.15	—
2016	138.78	22.30	—
2017	140.00	31.00	—
2018	138.37	29.36	4036
2019	135.6	24.09	5121
2020	135.00	33.47	8171
2021	178.03	21.22	13 225
2022	53.16（1—4月）	7.77（1—6月）	10 024

资料来源：中国海关，2022。

第三节　对发展我国燕麦产业的思考

一、树立大食物观，坚持综合施策

习近平总书记指出，要树立大食物观，从更好满足人民美好生活需要出发，掌握人民群众食物结构变化趋势，在确保粮食供给的同时，保障肉类、蔬菜、水果、水产品等各类食物有效供给，缺了哪样也不行。包括燕麦在内的饲草是保障肉奶生产的基本生产要素，从政策上就要把燕麦纳入种植业体系，作为单独产业立项，变为可替代粮食饲料，与粮食作物、饲料作物享受种植补贴，扩大"粮改饲"试点范围和规模。在守好耕地"红线"的前提下，用好用活土地政策，积极推动燕麦为饲草入田的第一"草"，充分利用一般耕地、盐碱地、沙地、撂荒地和退耕地等土地资源，扩大饲草面积，在农区积极推广草田轮作。

财政部、农业农村部发布的《2022年重点强农惠农政策》明确指出，粮改饲以农牧交错带和黄淮海地区为重点，支持进行玉米、苜蓿、饲用燕麦等优质饲草的青贮，通过以养推动种植结构调整和现代饲草产业发展，因地制宜，将有饲用需求的区域特色饲草品种纳入范围。同时要按照财政部、农业农村部发布的《关于实施奶业生产能力提升整县推进项目的通知》要求，通过支持奶业大县发展草畜配套，促进青贮玉米、苜蓿、燕麦等优质饲草料种植，在奶业大县，建设高水平优质饲草生产基地，推进奶业大县饲草供应水平提升。因此，要充分利用提升奶业大县饲草料供给能力的契机，建设燕麦生产大县，保障我国优质燕麦持续稳定供应。

二、着力提高全要素生产率，推动畜牧业高质量发展

习近平总书记在党的二十大报告中强调指出，加快建设现代化经济体系，着力提高全要素生产率，着力提升产业链供应链韧性和安全水平。提高畜牧业全要素生产率，是实现畜牧业高质量发展的动力源泉。包括燕麦在内的饲草业是畜牧业高质量发展的基础产业，是畜牧业生产中的基础要素，是保障畜产品安全的战略性要素，是畜牧业现代化的标志性要素。近年来，国家对饲草产业发展愈加重视，政策利好不断，为我国饲草产业提供了新的发展机遇，我们应抓住用好这些重大利好政策，构建饲草产业新发展格局，推动高质量发展，实现饲草产业全要素生产率提高。因此，要将饲草产业发展与畜牧业高质量发展、奶业振兴发展对接起来，统筹规划、统一安排，全盘布局，实现草畜同规划、同部署、同落实、同发展。

三、提高种质资源利用率，利用新技术加大品种创新力度

改变重资源收集评价，轻资源创新利用的被动局面，加快燕麦种质资源的创新利用。迄今为止，我国从国外引进燕麦种质资源 2099 份，来自 28 个国家，其中引进资源较多的国家有加拿大（1041 份）、丹麦（502 份）、匈牙利（52 份）、苏联/俄罗斯（84 份）、美国（64 份）和澳大利亚（24 份）（郑殿升和张宗文，2017）。这些资源是我国燕麦创新种质和育种的重要基础材料，利用燕麦育种新理论、新技术尽快将它们的优异基因转育到栽培品种中，从而提高栽培燕麦品种的抗性、丰产性和优质性。

良种是燕麦产业的"芯片"。改变重品种培育，轻良种繁育的被动局面。加强燕麦新品试验、示范及推广，提高国产燕麦良种利用率。规划燕麦良种繁育区域，优化燕麦良种繁育资源配置，扶持良种繁育龙头企业，提升国产燕麦良种供给能力，加快燕麦品种国产化的步伐，实现燕麦品种国产化，国产品种区域化、多样化，优质化、高产化，因此加快发展国产燕麦良种生产已刻不容缓。

四、优化资源配置，提高"三闲田"利用率

面对耕地资源和水资源对燕麦发展的双重制约，燕麦生产难度增加。我国"三地"（撂荒地、盐碱地、沙地）资源丰富，加大这些资源的改良和改造力度，优化燕麦种植环境，合理配置水土资源，改造和建设燕麦种植基础设施，构建高效节水系统，在提高水分利用率上下功夫；优化燕麦品种配置，创新品种培育技术，积极培育抗旱、耐盐、抗沙和耐瘠薄燕麦品种，推动新燕麦品种的转化利用，积极进行引种试验、示范，

加大适宜品种良种繁育力度，扩大新品种的种植规模；优化"三地"燕麦栽培技术，构建"三地"燕麦栽培技术体系，因地施技，合理配置燕麦品种，选择适宜的播种技术，强化高效节水灌溉技术体系与节水栽培管理技术体系的研发，改变目前大水高肥的无序灌溉、过度灌溉和无效灌溉的现象，提倡沙地燕麦亏缺性精准有效的节水灌溉，以减缓水资源的紧缺程度和降低因过度灌溉引起的灌溉成本增加。

推进"三闲田"燕麦等饲草发展。在云南、四川、贵州、重庆、安徽、江西、湖北、湖南、广西等省市"三闲田"资源丰富，具有较好的肉羊肉牛产业发展基础，建立草畜配套机制、推进种养结合。这些地区"三闲田"农业生态生产环境优越，利用"三闲田"发展饲草，一方面避免了燕麦种植与主要作物争地的矛盾，使传统一年一熟农业区变为一年两熟；另一方面也扩大了饲草种植面积，增加了饲草产量。

第三章　燕麦的生长发育与适应性

燕麦适于潮湿和比较凉爽的气候，燕麦需水较任何谷类作物为多，能生长于玉米不能生长的潮湿地区，亦更适宜于黏性土壤。燕麦具有较好的耐寒性，故适于我国山西、内蒙古、甘肃、青海和西藏等地，燕麦较小麦更适于高纬度及高山地带（胡先骕，1953；1955）。

第一节　燕麦的适应性及对环境条件的要求

一、对土壤的适应与养分的要求

燕麦对土壤要求不严，与大麦相比，燕麦对土壤要求更低，几乎可以栽种在各种土壤上，如沙土、重黏土、沼泽土和泥炭土都能种植，在水分充足的条件下，燕麦则很适宜沙土地，但以富含腐殖质的黏壤土为宜。土壤比较黏重潮湿，不适宜种植小麦等谷类作物的地，可以种植燕麦。燕麦在对酸性土壤的适应能力要强于其他作物。燕麦不甚适合于盐渍土，特别是耐碱性则较差。

燕麦可以很好地利用土壤中的矿物质化的氮素，具有耐酸性土壤的特性。燕麦对氮、磷、钾的要求，大约亩产种子 200 kg 和秸秆 250 kg 时，要从土壤中吸收氮 6 kg、磷 2 kg、钾 5 kg。

燕麦是"胎里富"作物，为喜氮作物，因此施氮后，增产效果明显。若氮素缺乏，则茎叶枯黄，光合作用功能低，制造和积累营养物质少，造成燕麦生长不良。一般在分蘖之前，植株矮小，生长缓慢，需氮量少，从分蘖到抽穗需氮量明显增加。氮肥充足，则燕麦穗大，叶片深绿，光合作用强，铃多、粒多。抽穗后需氮量减少，因此孕穗期适当追施速效氮肥，可弥补氮肥的不足。

磷是促进根系发育，增加分蘖，促进籽粒饱满和提前成熟，提高产量的重要营养元素。有磷则根系发达，植株健壮；磷缺乏则苗小、苗弱、生长缓慢。磷具有促进燕麦吸收氮的作用，因此氮、磷结合施用比二者单施增产效果更好。磷肥在生长前期施用，能够参与抽穗后穗部的生理活动，到生长后期追施磷肥，则大多留于茎叶营养器官之内。所以，磷肥多用于底肥、种肥，而不用于追肥。

钾是构成燕麦茎秆和种子的重要营养元素。缺钾，燕麦表现出植株矮小、底叶发黄、茎秆软弱，不抗病、不抗倒伏。燕麦需钾时期为拔节后至抽穗前，抽穗以后逐渐减少。因此，钾肥应在播种前施足。农家肥是全效性肥料，氮、磷、钾三要素相当丰富，所以在整地时要施足农家肥。

除氮、磷、钾外，燕麦还需要少量的钙、镁、铁等微量元素。因为用量少，农家肥料中含有，就不再专门施用。

二、对水分的适应与要求

燕麦是喜湿性作物，吸收、制造和运输养分，都是靠水分来进行的。维持细胞膨胀也靠大量水分。若严重缺水，燕麦就会呈萎蔫状，甚至停止生长而死亡。因此，水分多少与燕麦生长发育关系极大。研究表明，燕麦分蘖至抽穗期间耗水量占全生育期的 70%，苗期仅占 9%，灌浆期和成熟期占 20%。如果在关键时期缺水，就会造成严重减产。

燕麦生长在高寒冷凉区，种子发芽时约需相当于自身重 65% 的水分种子才能膨胀，而小麦需要 55%，大麦需要 50%。秋播如温度和土壤水分适宜，一般 4～5 d 种子可以发芽，10 d 左右出土。燕麦蒸腾系数为 474，低于小麦（513），高于大麦（403）。燕麦叶面蒸发量大，但在干旱情况下，调节水分的能力很强，可以忍耐较长时间的干旱。

燕麦从分蘖到拔节阶段最怕干旱缺水。幼穗分化前，干旱对燕麦生长发育虽有一定影响，只要以后进行灌溉或有下雨还可以恢复生长。但是，如果分蘖到拔节阶段遇到干旱，即使后期满足供水，对穗长、小穗数和小花数的影响也是难以弥补的。拔节到抽穗是燕麦一生中需水量最大、最迫切的时期，燕麦的小穗和粒数，大都是这个时期决定的。若水分缺乏，结实器官的形成就会受到影响。这就是农谚所说的"麦要胎里富""最怕卡脖旱"的道理所在。

开花灌浆期是决定籽粒饱满与否的关键时期。它和前两个阶段相比，需水少了些，实际上由于营养物质的合成、输送和籽粒形成，仍然需要有一定的水分供应。

灌浆后期至成熟，对水分要求明显减少，其特点是喜晒怕涝。在日照充足的条件下，有利于灌浆和早熟。若多雨或阴雨连绵，对燕麦成熟不利，往往造成贪青徒长晚熟。阴雨连绵后烈日暴晒，地面温度骤升，水分蒸发强烈，就会造成生理干旱，出现"火烧"现象。

三、对温度的适应与要求

燕麦对温度要求不严格是它的特征，喜欢凉爽的气候，整个生长期需要 ≥ 10 ℃的有效积温 1500～1900 ℃。它在各个生长阶段内对温度的要求和需水规律相似，即前期低，中期高，后期低。燕麦的发育起点温度为 2～3 ℃，所以，种子在 3～4 ℃时即可发芽。

　　燕麦耐寒性强，生育期间的低温只能对它的生长起到延缓和推迟作用。在幼苗期可耐受零下 3～4 ℃的低温。在苗期因温度低，燕麦生长缓慢，出苗至分蘖，适宜温度为 15 ℃，地温为 17 ℃。拔节至孕穗，需要较高的温度，以利燕麦迅速生长发育，建成营养生长器官。适宜的平均温度为 20 ℃。在这样的条件下，燕麦生长迅速，茎秆粗壮。若温度超过 20 ℃，则会引起花梢的发生。燕麦抽穗适宜温度为 18 ℃；开花期适宜温度为 20～24 ℃，需要湿润而无风的天气。

　　灌浆后要求白天温度高，夜间温度低，使养分消耗少，有利于干物质的积累，促进籽粒饱满。这时平均气温 14～15 ℃为宜。如遇高温干旱或干热风，即使是一个很短的时间，也会影响营养物质的输送，限制籽粒灌浆，加速种子干燥，引起过早成熟，造成籽粒瘪瘦或者有铃无粒，严重减产。

　　由此可见，燕麦对温度较为敏感。在整个生育过程中，最高温度不能超过 30 ℃，若超过 30 ℃，经 4～5 h，气孔就萎缩，不能自由开闭。特别是抽穗、开花、灌浆期间若遭受到高温危害，就会导致结实不良，瘪种子数量（空秕率）增加。会泽县地处乌蒙高寒冷凉山区，整个秋播燕麦生长发育过程中，很少会遭遇超过 30 ℃以上的高温天气。

　　由于燕麦对温度要求不严格，许多地方利用燕麦的这一特性，把它作为最早熟的禾谷类作物种植，如春闲田燕麦和秋闲田燕麦就是利用了燕麦这一特性，在饲草生产中发挥了很好的作用。

四、对光照的适应与要求

　　燕麦为春化阶段较短、光照阶段较长的作物，必须要有充足的光照，才能充分进行光合作用，制造营养物质，满足生长发育的需要。合适的光照，就是既要保证一定的营养生长时期，又要给开花灌浆到成熟留下足够的时间。

　　明确了燕麦对光照的要求，在燕麦田的管理中，就要积极改善光照条件，提高光合作用效率，创造燕麦高产的光照条件。如苗期及早中耕、锄草，可以避免杂草与燕麦争光、争肥、争水的矛盾，合理密植，使个体和群体都得到良好的发育。

第二节　燕麦的生长发育

一、燕麦生长发育阶段

　　燕麦的生长发育过程，可分为营养生长和生殖生长两个阶段或再分出营养生长与生殖生长并进三个阶段。

　　营养生长阶段，就是从出苗到抽穗阶段，主要是生长根、茎、叶，建造植物体本身。

　　生殖生长阶段，就是从分蘖拔节以后，生长点开始幼穗分化，到抽穗开花，直至种子成熟。

燕麦的营养生长和生殖生长属重叠型（或称为营养生长与生殖生长并进阶段），这两个阶段并不是截然分开的，而是相互交错，互为因果的。没有营养生长阶段，就不会有生殖生长阶段，而生殖生长又是营养生长的必然。燕麦的生长发育，具体可分为发芽与出苗、分蘖与扎根、拔节、抽穗、开花和灌浆与成熟（图 3-1）。

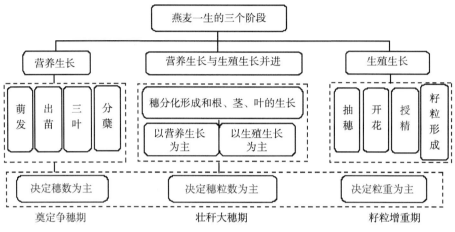

图 3-1　燕麦生长发育阶段

二、燕麦生长发育各阶段

（一）发芽与出苗

播种后的燕麦种子，当吸水达种子本身重量的 60% ~ 65% 时，在适宜的温度下，种子开始萌发，胚根鞘首先萌动突破种皮，胚根也随之萌动生长，突破胚根鞘、生出 3 条初根。随着胚根鞘的萌动，胚芽鞘也破皮而出，长出胚芽。一般胚根长至种子长度，胚芽相当于种子长度的 1/2 时，是为种子完全萌发的标志。

影响燕麦种子发芽出苗的因素主要是土壤温度和湿度。种子在 3 ~ 4 ℃时即可开始发芽，适宜温度 15 ~ 25 ℃，35 ℃以上发芽受到抑制。燕麦种子萌发的适宜土壤水分，一般以田间最大持水量的 60% ~ 70% 为宜，即土壤含水量一般在 15% ~ 20% 为宜，沙地 15%，黏土地 20%。土壤含水量不足时会影响燕麦种子发芽和出苗。另外，土壤含盐量如超过 0.25% 时，对种子萌发和出苗也会造成影响。

燕麦种子获得充分的水分、温度和空气等条件后，就开始萌动。一般播种后 6 ~ 8 d（有时延迟到 15 d），芽露出地面，生长点顶部裂开，向外长出第一片子叶，成为出苗。一般大而饱满的燕麦种子，扎根快、出苗早，叶片大。

（二）分蘖与扎根

燕麦出苗后，三叶末期开始分蘖。开始分蘖时，植株生长缓慢，而地下部分的根系生长加快，在基节外形成次生根。燕麦的主秆地下部分各节都能分蘖，因此叫分蘖节。分蘖节所处位置称之为分蘖位。分蘖位较低的，分蘖发生较早，因此秆高穗大；分蘖位较高的，分蘖较晚，往往秆细穗小，成熟延后，甚至不能抽穗。分蘖数相等的情况下，分蘖位越低，则收量就越大。这一时期燕麦的每个茎都长自己的不定根，他们共同形成稠密的须根，主要的须根是在土壤耕作层发育起来的。燕麦根的最大生长量是在抽穗之前。

（三）拔节

植株出现 5 片叶时，主秆的第一节露出地面 1.5 ～ 2.0 cm，这时用手可以摸到膨大的节，称为拔节期，从分蘖到拔节的时间很短，只有 15 ～ 20 d。

（四）抽穗

拔节开始后，茎迅速生长，燕麦穗在叶鞘内随着茎的伸长而移动，同时也逐渐长大，最后从顶部叶鞘伸出，称为抽穗，抽穗是燕麦发育中的一个重要时期。抽穗的时期和一致性可以预测燕麦收获期和产量的高低。

从分蘖到抽穗期间，燕麦的生殖生长处于幼穗分化阶段。燕麦出苗后 20 d，在茎伸长的同时，开始了幼穗的分化和伸长。茎秆长出 4 片叶的时候，穗的生长点开始延长，由长茎叶的营养生长，转变为分化生殖器官——穗和花的生殖生长，这是一个质的变化。

拔节到抽穗是燕麦生长的重要阶段，是决定每亩穗粒数和不孕小穗的关键时期，此时追肥灌水不仅能提高成穗率，而且可以减少不孕小穗，提高每穗结实率。燕麦从拔节期开始，需水量迅速增加，到抽穗到达高峰，特别是抽穗前 12 ～ 15 d 是需水"临界期"，此时若遭遇干旱会大幅度减产。但此阶段如水太多，氮肥营养过量，也会引起茎叶过分繁茂，造成贪青徒长，甚至会引起倒伏。

（五）开花

燕麦是自花授粉作物，在穗子尚未全部抽出时即行开花。燕麦穗开花的顺序是先主茎，后分蘖茎。

（六）灌浆与种子成熟

灌浆结实与成熟的顺序同开花一样，也是自上而下，即穗顶部的小穗先成熟，下部的小穗后成熟。每一小穗中的籽实也是基部的籽实先成熟，末端的后成熟。这样就使一穗上的籽粒成熟颇不一致，农民把这种成熟过程叫作"花铃期"。当花铃期过后，穗下部籽粒进入蜡熟时就可以收获。一般来说，燕麦由乳熟至蜡熟的过程较快，特别是蜡熟期所经历的时间更短。

与拔节抽穗阶段相比，开花成熟阶段需水量明显减少，但营养物质的合成、输送和籽粒形成，仍需要一定的水分，才能保证籽实的饱满。

第三节　饲用燕麦产地环境要求

一、气候条件

中温带干旱、半干旱大陆性季风气候；年平均气温在 2 ～ 6 ℃，活动积温（大于等于 10 ℃）＞ 1700 ℃；年平均日照时数在 2700 ～ 3100 h；无霜期≥ 90 d。

二、环境空气质量

产地空气质量应符合表 3–1 的规定。

表 3–1　环境空气质量评价指标限值

项目		浓度限值		检测方法
		日平均	小时平均	
总悬浮颗粒物（TSP）/（mg/m^3）	≤	0.12	—	GB/T 15432
二氧化硫（标准状态）（SO_2）/（mg/m^3）	≤	0.04	0.12	HJ 482
二氧化氮（标准状态）（NO_2）/（mg/m^3）	≤	0.08	0.12	HJ 479
氟化物（F）/（$\mu g/m^3$）	≤	7	20	GB/T 7484
铅（标准状态）/（$\mu g/m^3$）	≤	0.5（年平均）	1（季平均）	GB/T 15264
一氧化碳（CO）/（mg/m^3）	≤	4	10	GB 9801
臭氧（O_3）/（$\mu g/m^3$）	≤	8 h 平均：160	180	HJ 590
苯并芘［ a ］/（$\mu g/m^3$）	≤	0.01	—	GB/T 8971

三、灌溉水质量

灌溉水质量应符合表 3–2 的规定。

表 3–2　灌溉水质量指标

项目	浓度限值（指标）	检测方法
pH 值	6.5 ～ 8.5	GB 6920
总镉 /（mg/L）	≤ 0.005	GB 7475
总砷 /（mg/L）	≤ 0.05	GB 7485
总铅 /（mg/L）	≤ 0.1	GB 7475
铬（六价）/（mg/L）	≤ 0.05	GB 7467
总汞（mg/L）	≤ 0.001	HJ 597

续表

项目	浓度限值（指标）	检测方法
化学需氧量（CODcr）/（mg/L）	≤ 30	HJ 828
氟化物 /（mg/L）	≤ 1.2	GB 7484
石油类 /（mg/L）	≤ 1.0	HJ 637
粪大肠菌群 /（个 /L）	≤ 10 000	SL 355

四、土壤环境质量

土壤环境质量应符合表 3-3 的规定。

表 3-3 土壤环境重金属质量标准

项目	含量限值（指标）			检测方法
	pH < 6.5	6.5 ≤ pH ≤ 7.5	pH > 7.5	NY/T 1377
总汞 /（mg/kg）	≤ 0.25	≤ 0.30	≤ 0.35	GB/T 22105.1
总砷 /（mg/kg）	≤ 20	≤ 20	≤ 15	GB/T 22105.2
总镉 /（mg/kg）	≤ 0.25	≤ 0.30	≤ 0.40	GB/T 17141
总铅 /（mg/kg）	≤ 40	≤ 50	≤ 50	GB/T 17141
总铬（六价）/（mg/kg）	≤ 100	≤ 100	≤ 100	HJ 491
总铜 /（mg /kg）	≤ 50	≤ 60	≤ 60	HJ 491

五、土壤肥力要求

土壤肥力要求应符合表 3-4 的规定。

表 3-4 土壤肥力指标要求

项目	含量限值（指标）	检测方法
有机质 /（g/kg）	≥ 6	NY/T 1121.6
全氮 /（g/kg）	≥ 0.4	NY/T 1121.24
有效磷 /（mg /kg）	≥ 7	NY/T 1121.7
速效钾 /（mg /kg）	≥ 100	HJ 889
阳离子交换量 /（cmol/kg）	≥ 10	HJ 889

第四节　不同生态区燕麦生长状态

一、河套灌区

（一）春闲田燕麦

2015 年，在内蒙古河套灌区腹地临河区利用向日葵播种前的春闲田进行燕麦试种，取得较好的效果。于 3 月 20 日进行顶凌播种，3 月底至 4 月初出苗，6 月燕麦进入孕穗—抽穗期，此时燕麦株高达 90 ～ 115 cm（表 3-5），未见燕麦倒伏。6 月 10 日进行刈割，6 月 15 日播种食用向日葵。

表 3-5　河套灌区春闲田燕麦生长状态

品种	播种日期/（日/月）	测产日期/（日/月）	成熟程度	倒伏程度	株高/cm
青燕 1 号	20/3	10/6	开花期	无	105.6
白燕 7 号	20/3	10/6	孕穗期	无	94
青海甜	20/3	10/6	孕穗期	无	101
伽利略	20/3	10/6	孕穗期	无	91.8
加燕 2 号	20/3	10/6	抽穗期	无	92.4
锋利	20/3	10/6	抽穗期	无	94.4
青引 2 号	20/3	10/6	开花期	有	115.6
林纳	20/3	10/6	抽穗期	无	93.4
青引 1 号	20/3	10/6	开花期	无	110
青海 444	20/3	10/6	开花期	无	122.6
陇燕 1 号	20/3	10/6	抽穗期	无	98.6
天鹅	20/3	10/6	乳熟期	无	101.4
胜利	20/3	10/6	乳熟期	无	89.2

（二）秋闲田燕麦

小麦为河套灌区的主要农作物，每年播种面积达 150 万～ 200 万亩，一般小麦在 7 月 15 日前后进行收割，收割后的小麦地大多数闲置。近几年进行麦后复种燕麦，取得好的效果。在河套灌区，麦后复种燕麦一般在 7 月下旬 8 月初播种，播种后5 ～ 7 d 苗齐，到 10 月中下旬，不同的燕麦进入不同的生育阶段（表 3-6），株高达100 ～ 120 cm，燕麦未见倒伏。

表 3-6　河套灌区秋闲田燕麦生长状态

品种	播种日期 /（日 / 月）	测产日期 /（日 / 月）	成熟程度	株高 /cm
速锐	22/7	11/10	乳熟后期	123.4
太阳神	22/7	11/10	抽穗初期	121.6
福瑞至	22/7	11/10	孕穗期	119.6
黑玫克	22/7	11/10	孕穗期	108.0
苏特	22/7	11/10	孕穗期	107.0
贝勒	22/7	11/10	开花期	123.0
魅力	22/7	11/10	孕穗期	115.6
伽利略	22/7	11/10	抽穗期	105.0
美达	22/7	11/10	乳熟期	122.8
甜燕	22/7	11/10	孕穗期	102.4
白燕 7 号	22/7	11/10	乳熟期	116.4
加燕 2 号	22/7	11/10	开花期	115.8
青海 444	22/7	11/10	蜡熟花期	119.2

二、河西走廊

河西走廊为我国首蓿主产区，每年有大面积的首蓿要进行耕翻轮作。一般首蓿地进行耕翻均是在收获第一茬首蓿后进行，如在河西走廊第一茬首蓿一般在 6 月上旬进行，刈割后的首蓿就要进行耕翻进行轮作其他饲草或作物。燕麦是首蓿的极好后茬饲草，它生长快、产量高、营养价值高，是首蓿轮作中的首选饲草。甘肃大业牧草科技有限责任公司长期采用首蓿 + 燕麦的轮作模式取得好的效果。在第一茬首蓿收割后，马上进行处理，为播种燕麦做好准备，燕麦一般在 6 月中下旬播种，5 ～ 7 d 出齐苗，到 9 月上中旬燕麦进入乳熟期（表 3-7），此时株高可达 100 ～ 115 cm（表 3-8）。

表 3-7　酒泉（上坝）燕麦物候期变化　　　　　　　　　　单位：日 / 月

品种	播种期	出苗期	分蘖期	拔节期	抽穗期	开花期	乳熟期
甜燕	25/6	3/7	19/7	24/7	27/8	7/9	14/9
加燕 1 号	25/6	3/7	18/7	23/7	27/8	5/9	13/9
青海 444	25/6	3/7	18/7	25/7	13/8	20/8	30/8
白燕 7 号	25/6	3/7	18/7	22/7	19/8	28/8	9/9
锋利	25/6	3/7	18/7	23/7	20/8	30/8	8/9
青引 2 号	25/6	3/7	18/7	23/7	19/8	26/8	6/9

续表

品种	播种期	出苗期	分蘖期	拔节期	抽穗期	开花期	乳熟期
林纳	25/6	3/7	18/7	20/7	19/8	26/8	8/9
天鹅	25/6	3/7	16/7	23/7	31/7	8/8	8.12
伽利略	25/6	3/7	18/7	23/7	23/8	2/9	12/8
胜利者	25/6	3/7	18/7	23/7	30/7	5/8	13/8
青引1号	25/6	3/7	20/7	25/7	13/8	20/8	30/8
陇燕	25/6	3/7	20/7	25/7	15/8	26/8	5/9
巴燕	25/6	3/7	20/7	23/7	10/8	15/8	25/8

表3-8 酒泉（上坝）燕麦生长（株高）状况　　单位：cm

品种	分蘖期	拔节期	抽穗期	开花期	乳熟期	刈割
甜燕	20～24	30	110	100	110	110
加燕1号	20～24	31	95	95	115	115
青海444	25～26	35	80	95	115	115
白燕7号	24～26	32	90	95	115	115
锋利	16～17	25	90	95	115	115
青引2号	22～26	30	85	90	110	110
林纳	17～18	30	89	90	115	115
天鹅	25～28	35	60	68	75	78
伽利略	17～18	28	95	100	115	115
胜利者	25	30	58	65	70	75
青引1号	28	35	91	100	110	110
陇燕	15～16	25	100	110	115	115
巴燕	25～26	35	90	95	100	100

三、燕麦生长时间序列

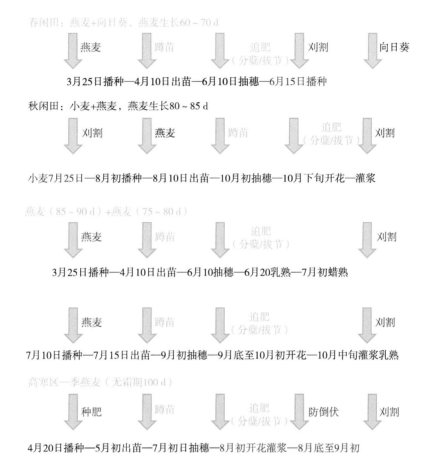

春闲田：燕麦+向日葵，燕麦生长60~70 d

| 燕麦 | 蹲苗 | 追肥（分蘖/拔节） | 刈割 | 向日葵 |

3月25日播种—4月10日出苗—6月10日抽穗—6月15日播种

秋闲田：小麦+燕麦，燕麦生长80~85 d

| 刈割 | 燕麦 | 蹲苗 | 追肥（分蘖/拔节） | 刈割 |

小麦7月25日—8月初播种—8月10日出苗—10月初抽穗—10月下旬开花—灌浆

燕麦（85~90 d）+燕麦（75~80 d）

| 燕麦 | 蹲苗 | 追肥（分蘖/拔节） | 刈割 |

3月25日播种—4月10日出苗—6月10日抽穗—6月20乳熟—7月初蜡熟

| 燕麦 | 蹲苗 | 追肥（分蘖/拔节） | 刈割 |

7月10日播种—7月15日出苗—9月初抽穗—9月底至10月初开花—10月中旬灌浆乳熟

高寒区一季燕麦（无霜期100 d）

| 种肥 | 蹲苗 | 追肥（分蘖/拔节） | 防倒伏 | 刈割 |

4月20日播种—5月初出苗—7月初日抽穗—8月初开花灌浆—8月底至9月初

第四章　饲用燕麦种植模式选择

燕麦与其他多数作物一样，不宜连作。长期连作一是病害增多，特别是黑穗病，条件适宜的年份往往会造成蔓延，使燕麦产量严重受损；二是杂草增多，因燕麦幼苗生长缓慢，极易受杂草抑制，严重影响燕麦的生长；三是不能充分利用养分。燕麦可采用单作、间套作或轮作等种植形式。

第一节　寒旱区燕麦种植模式及生产性能

一、青藏高原一年一季燕麦

（一）青藏高原东北边缘区一年一季燕麦产草量

2017 年，在青海省门源县开展青藏高原燕麦栽培研究。门源县位于青藏高原的东北边缘区，平均海拔 2866 m，具有春季多雪多风，夏季凉爽多雨，秋季温和短暂，冬季寒冷漫长的特点。气温日较差 11.6 ～ 17.5 ℃，年平均气温 0.8 ℃，年平均降水 520 mm，全年日照时数 2264.8 ～ 2739.8 h，年蒸发量 100 mm。作物生产典型的一年一季，燕麦也一样一年一收。

门源县一般燕麦播种在 4 月中下旬至 5 月上中旬，收草 9 月中下旬，收种子 9 月底至 10 月初。2017 年在门源县红沟村（海拔 2900 m）和后沟村（海拔 3100 m）进行燕麦引种试验，结果表明，门源县燕麦生产表现出明显的优势，海拔 2900 m 的红沟村燕麦干草产量平均达 1130.79 kg/ 亩，贝勒最高可 1638.48 kg/ 亩，最低巴燕 3 号也达 618.53 kg/ 亩，干草达 1000 kg/ 亩以上的品种有 10 个，分别为林纳、白燕 7 号、青海甜燕麦、张北莜麦、定西莜麦、福瑞至、黑玫克、贝勒、贝勒 2 号、太阳神、美达和苏特（表 4-1，图 4-1）。

表 4-1　青海省门源县红沟村燕麦产量（海拔：2900 m）　　　　　　单位：kg/ 亩

序号	品种	鲜草产量	干草产量
1	林纳	3818.58	1089.56
2	白燕 7 号	3585.13	1022.95
3	青海甜燕麦	3585.13	1022.95

续表

序号	品种	鲜草产量	干草产量
4	青海 444	3034.85	865.94
5	巴燕 3 号	2167.75	618.53
6	青燕 1 号	2526.26	720.82
7	张北莜麦	4802.40	1370.28
8	定西莜麦	3993.66	1139.52
10	速锐	3101.55	884.97
11	福瑞至	5352.68	1327.29
12	黑玫克	6269.80	1588.98
13	贝勒	6443.22	1638.48
14	贝勒 2 号	5019.18	1432.13
15	太阳神	3668.50	1046.74
16	美达	4452.23	1270.36
17	苏特	4102.05	1170.45
平均		4086.75	1130.79

**图 4-1　青海门源县红沟村（海拔 2900 m）（上图）和
后沟村（海拔 3100 m）燕麦（下图）**

与红沟村（海拔 2900 m）燕麦产量相比，后沟村（海拔 3100 m）燕麦产量与其相近，鲜草平均达 4882.83 kg/ 亩，干草平均 1198.54 kg/ 亩，干草最高产量黑玫克和贝勒分别达 1560.43 kg/ 亩和 1516.65 kg/ 亩，干草产量除青引 1 号和青燕 1 号在 1000 kg/ 亩以下外，其余品种干草产量均在 1000 kg/ 亩以上（表 4-2，图 4-2）。

表 4-2 青海省门源县后沟村燕麦产量（海拔：3100 m）　　　　　　单位：kg/ 亩

品种	鲜草产量	干草草产量
陇燕 3 号	4515.59	1088.44
青引 1 号	2810.57	801.95
青海 444	4318.83	1032.30
青燕 1 号	3893.61	911.97
白燕 7 号	5336.00	1222.53
巴燕 3 号	4527.26	1091.77
林纳	4769.05	1160.76
甜燕麦	4635.65	1122.70
福瑞至	5194.26	1282.09
贝勒	6169.75	1560.43
黑玫克	6016.34	1516.65
贝勒 2 号	5886.28	1479.54
速锐	4869.10	1189.31
枪手 1 号	5386.03	1336.81
太阳神	5035.85	1236.89
美达	4710.69	1144.11
张北莜麦	5169.25	1274.95
定西莜麦	5227.61	1291.61
平均	4882.83	1198.54

图 4-2 青海门源县饲用燕麦

（二）青藏高原东北区一年一季燕麦营养成分

从表4-3中可以看出，门源青贮玉米可溶性糖（WSC）含量较高，除贝勒、美达WSC含量低于10%外，其余品种WSC含量在10.16%～17.71%，甜燕麦和林纳WSC含量最高，分别为17.71%和17.67%。粗蛋白质（CP）含量在4.47%～11.70%，定西莜麦CP含量最高，为11.70%。

表4-3 青海门源县17个燕麦品种和营养成分比较

品种	WSC/DM%	CP/DM%	品种	WSC/DM%	CP/DM%
巴燕3号	12.97	9.46	定西莜麦	13.73	11.70
青燕1号	15.31	7.49	美达	9.98	7.10
甜燕麦	17.71	6.86	速锐	15.58	6.20
贝勒2号	13.68	6.70	青海444	14.52	7.28
苏特2号	16.84	5.86	张北莜麦	10.93	8.01
贝勒	6.98	6.43	黑玫克	11.25	6.31
白燕7号	10.27	9.12	福瑞至	10.16	6.48
林纳	17.67	7.85	太阳神	10.28	4.47
枪手1号	13.90	6.13			

（三）青藏高原的东北端一年一季燕麦产量

甘肃省甘南区合作市地处青藏高原的东北端，甘、青、川三省（区）交界处，海拔2600 m。属高寒湿润类型，冷季长，暖季短，年均气温零下0.5～3.5 ℃，极端最高气温28 ℃，极端最低气温 –23 ℃。年均降水量545 mm，集中于7—9月。市区海拔2936 m，合作地区平均无霜期48 d，主要自然灾害为霜冻、冰雹和阴雨。全年日照充足，太阳能利用率高。

2018年5月初播种11个燕麦品种，9月6日刈割。刈割时燕麦株高可达120.67～172.83 cm，平均123.73 cm；鲜草产量2322.34～3699.07 kg/亩，平均3059.04 kg/亩；干草产量713.01～1249.15 kg/亩，平均1006.16 kg/亩（表4-4，图4-3）。

表4-4 甘南合作市11个燕麦品种生产力比较

品种	株高/cm	鲜草产量/（kg/亩）	干草产量/（kg/亩）
速锐	120.67	3266.83	1249.15
贝勒	139.17	3699.07	1145.50
太阳神	172.83	2843.48	768.70
魅力	120.33	3059.04	1076.66
贝勒（肖）	128.50	3130.71	1078.92

续表

品种	株高 /cm	鲜草产量 / （kg/ 亩）	干草产量 / （kg/ 亩）
美达（肖）	119.17	3014.04	1092.09
枪手	164.00	2496.24	995.93
福瑞至	139.50	3022.37	906.20
黑玫克	166.17	2322.34	713.01
贝勒 11	120.50	3629.07	1136.82
爱沃	134.17	3166.27	904.73
平均	123.73	3059.04	1006.16

图 4-3　合作市刈割前燕麦

二、内蒙古高原寒旱区一年一季燕麦产量

海拉尔位于内蒙古高原东北部，大兴安岭北段西麓。海拉尔属中温带半干旱大陆性草原气候，由于纬度偏高，气候特点为春季多大风而少雨，蒸发量大；夏季温凉而短促，降水集中；秋季降温快，霜冻早；冬季严寒漫长，地面积雪时间长。年平均气温为 –2 ～ –1 ℃，1 月（最冷月）平均低温为 –30.83 ℃，7 月（最热月）平均高温为 25.84 ℃。年平均降水量为 350 ～ 370 mm，年日照时数平均为 2800 h。无霜期平均 100 d 左右。一般燕麦一年一收，一般 5 月下旬至 6 月上旬播种，8 月中下旬收割。从 6 个燕麦品种产量看，干草平均产量在 910.32 kg/ 亩（表 4-5，图 4-4）。类似区域如呼伦贝尔—锡林郭勒东北垦区都可进行一年一茬燕麦种植。

表 4-5　海拉尔燕麦产量（2017 年）

品种	鲜草产量 / （kg/ 亩）	干草产量 / （kg/ 亩）
青引 1 号	3651.83	963.14
青引 2 号	2918.13	769.63
青海 444	2584.63	915.30
科纳	2901.45	946.60

续表

品种	鲜草产量/（kg/亩）	干草产量/（kg/亩）
哈维	3535.10	1251.90
林纳	2267.80	615.37
平均	2976.49	910.32

图4-4　海拉尔燕麦播种—生长—收割

第二节　北方农牧交错区燕麦种植模式及生产性能

　　河西走廊、河套灌区和嫩江—西辽河流域具有农区或农牧交错区的特性。河套灌区位于内蒙古西部，北靠阴山，南临黄河，西至乌兰布和沙漠，东至包头。灌区热量充足，全年日照 3100～3200 h，10 ℃以上活动积温 2700～3200 ℃，无霜期120～150 d，年可一熟。作物种类很多，有小麦、甜菜、玉米、胡麻、向日葵、糜子及瓜果、蔬菜等。但雨量稀少，年降水量仅 130～250 mm，而年蒸发量达 2000～2400 mm，湿润度 0.1～0.2。黄河年均过境水量 280 亿 m³，水质较好，故这一地区利用黄河灌溉发展农业历史悠久。河西走廊和嫩江西辽河流域与河套灌区一样，除具有灌溉条件外，也有丰富的热量资源，一年可进行两茬燕麦的生产，也可利用向日葵播种前的春闲田和小麦收获后的秋闲田进行燕麦种植。

一、一年两茬燕麦（燕麦＋燕麦）

适宜类似于河西走廊、河套灌区和嫩江—西辽河流域等的气候特征，农业生产条件的地区进行燕麦复种，实现一年两季燕麦生产（即燕麦＋燕麦），如河套灌区和赤峰市的科尔沁旗等。

内蒙古临河区位于河套灌区的腹地，气候特点：气候干燥，年降水量 138.8 mm，平均气温 6.8 ℃，昼夜温差大，日照时间长，年日照时间为 3229.9 h，是我国日照时数最多的地区之一。光、热、水同期，无霜期为 130 d 左右，适宜燕麦＋燕麦的生产模式。通过该种植模式可实现一年两收燕麦，干草产量平均达 1792 kg/ 亩，最高亩产可达 2000 多千克（表 4-6）。

表 4-6 河套灌区（临河）燕麦复种干草产量（2015 年）

品种	播种	成熟程度	株高 /cm	鲜草产量 /（kg/ 亩）	干草产量 /（kg/ 亩）	总产量 /（kg/ 亩）
加燕 1 号	春季	乳熟期	128.8	3849	789	1603
	秋季	乳熟后期	140.5	3588	814	
林纳	春季	乳熟期	113.2	4215	642	1651
	秋季	抽穗期	137.8	3884	1009	
伽利略	春季	乳熟期	124.9	4476	821	1741
	秋季	蜡熟期	117.6	3255	920	
锋利	春季	乳熟期	134.9	3855	747	1854
	秋季	孕穗期	123.8	4020	1107	
陇燕 1 号	春季	乳熟期	130.8	5216	995	2011
	秋季	乳熟初期	133.8	4327	1016	
青引 2 号	春季	乳熟期	129.2	4102	814	1579
	秋季	乳熟期	132.6	2924	765	
白燕 7 号	春季	乳熟期	132.8	5343	883	2105
	秋季	蜡熟初期	133.8	4558	1222	
平均			128.77	4115.14	898.14	1792

内蒙古五原县位于河套灌区腹地，气候与临河相似。进行春播燕麦与夏播燕麦，同样可以获得一年两收的效果，春播燕麦的产量在 600 kg/ 亩以上，而夏播燕麦产量略高于春播燕麦的产量，产量达 900 ～ 1000 kg/ 亩，2 茬燕麦产量可达 1619.23 kg/ 亩（表4-7，图 4-5）。

表 4–7　河套灌区（五原）燕麦 + 燕麦产量（2015 年）

品种	株高 /cm	鲜草产量 /（kg/ 亩）	干草产量 /（kg/ 亩）
春播			
青海甜燕麦	116	2797	623
加燕 2 号	128	3996	662
青海 444	124	3392	629
平均	122.67	3395.0	638.9
秋播			
白燕 8 号	149	4223	955
白燕 2 号	142	4878	937
草莜 1 号	142	4390	1049
平均	144.33	4497.0	980.33
2 茬燕麦		7892.0	1619.23

图 4–5　五原春播燕麦

从燕麦营养品质看，春播燕麦茎叶比在 0.436 ～ 0.749（表 4-8，图 4-6），粗蛋白质含量 9.49% ～ 11.53%，中性洗涤纤维和酸性洗涤纤维的含量分别为 37.00% ～ 41.18% 和 61.55% ～ 67.90%。总体来看，春播燕麦中性洗涤纤维和酸性洗涤纤维的含量较低，燕麦品种属尚佳。

秋播燕麦茎叶比在 0.437 ～ 0.562，粗蛋白质含量 9.49% ～ 14.07%，中性洗涤纤维和酸性洗涤纤维的含量分别为 38.38% ～ 39.29% 和 60.35% ～ 62.76%。总体来看，秋播燕麦粗蛋白质含量较高。

表 4-8 五原春秋播燕麦营养品质性状（2015 年）

播种期	春播燕麦			秋播燕麦		
品种	青海甜燕麦	青海444	加燕2号	白燕2号	白燕8号	草莜1号
茎叶比	0.436	0.647	0.749	0.562	0.455	0.437
干鲜比（%）	0.227	0.185	0.166	0.192	0.226	0.239
粗蛋白质（%）	10.49	9.49	11.53	14.07	12.08	9.49
可溶性糖（%）	0.81	0.65	0.62	0.91	0.61	0.69
灰分（%）	9.00	10.51	10.11	13.13	9.82	9.50
粗脂肪（%）	3.93	3.77	4.87	4.72	5.41	5.11
中性洗涤纤维（%）	37.00	41.18	40.41	39.07	38.39	39.29
酸性洗涤纤维（%）	61.55	67.90	64.55	60.35	62.76	62.29

图 4-6 五原秋播燕麦

二、苜蓿＋燕麦

北方农区和农牧交错区，特别是农牧交错区目前为我国苜蓿产业发展的主产区，每年有大量的苜蓿地要进行更新轮作。准备更新的苜蓿地一般都是在收割完第一次苜蓿后进行耕翻轮作，燕麦是苜蓿地轮作的理想作物。立地条件与生产管理的差异，各地头茬苜蓿刈割时间有一定的差异，如河西走廊头茬苜蓿一般在 5 月底至 6 月初进行刈割。

玉门位于甘肃省西北部，河西走廊西部，地貌分为祁连山地、走廊平原和马鬃山地三部分，海拔 1400 ～ 1700 m。玉门属大陆性中温带干旱气候，降水少，蒸发大，日照长，年平均气温 6.9 ℃。1 月最冷，极端最低可达零下 28.7 ℃；7 月最热，极端最高达 36.7 ℃。年日照时数 3166.3 h，平均无霜期为 135 d。年平均降水量为 63.3 mm，蒸发量达 2952 mm。

甘肃省玉门大业草业科技发展有限责任公司 2016 年 6 月 10 日进行头茬苜蓿刈割，6 月 20 日播种燕麦，9 月底至 10 月初刈割燕麦，干草产量达 804.32 ～ 1200.60 kg/ 亩，粗蛋白质含量达 6.50% ～ 8.43%，中性洗涤纤维 47.18% ～ 54.90%（表 4-9）。

表 4-9 玉门苜蓿后轮作燕麦产量（2016 年）

品种名称	干草产量 /（kg/ 亩）	CP/%DM	ADF/%DM	NDF/%DM
林纳	1047.58	7.93	31.00	49.98
丹草	1231.99	6.02	30.49	47.75
青燕 1 号	906.34	8.43	30.20	48.78
加燕 1 号	1200.60	7.37	30.24	48.69
陇燕	843.56	6.25	34.68	53.98
青引 1 号	863.18	7.13	31.94	50.92
青海 444	874.95	8.26	29.76	48.33
天鹅	804.32	6.48	28.21	47.18
甜燕	969.11	6.50	29.98	48.92
白燕 7 号	937.72	6.48	29.93	50.29
伽利略	851.41	6.75	32.45	54.90
平均	957.34	7.05	30.81	49.97

2017 年甘肃省玉门大业草业科技发展有限责任公司继续对更新苜蓿地进行燕麦轮作，5 月底至 6 月初刈割苜蓿，9 月底至 10 月初刈割，取得了与 2017 年同样效果。20 个燕麦品种干草平均产量为 980.79 kg/ 亩，最高为福瑞至 1267.00 kg/ 亩，除福瑞至外，干草产量超过 1000 kg/ 亩的燕麦品种有太阳神、苏特、黑玫克、林纳、加燕 2 号、陇燕 3 号和燕麦 409（表 4-10，图 4-7）。

表 4-10 苜蓿地轮作燕麦干草产量与营养成分（2017 年）

品种	产量 /（kg/ 亩）	水分 /%DM	粗蛋白质 /%DM	粗纤维 /%DM	粗灰分 /%DM
美达	867.00	11.24	5.87	25.54	9.02
太阳神	1173.00	12.96	6.65	26.51	11.07
苏特	1147.00	11.50	6.29	23.82	10.01
魅力	947.00	7.87	5.48	28.06	9.21
福瑞至	1267.00	10.97	6.04	30.82	11.32
贝勒	973.00	10.98	6.22	28.99	9.51

续表

品种	产量/（kg/亩）	水分/%DM	粗蛋白质/%DM	粗纤维/%DM	粗灰分/%DM
黑玫克	1107.00	13.86	6.71	30.42	11.01
林纳	1080.00	8.66	6.86	32.36	10.54
加燕2号	1013.00	7.85	7.02	30.86	10.79
陇燕1号	840.00	9.55	6.88	29.21	8.89
陇燕2号	907.00	9.77	8.98	27.95	11.38
伽利略	819.00	8.91	10.17	25.07	12.24
白燕7号	920.00	9.44	7.96	30.82	10.07
梦龙	987.00	14.28	11.09	26.83	12.24
陇燕3号	1027.00	13.52	10.57	27.66	12.58
陇燕4号	907.00	9.91	8.15	30.26	11.11
燕麦440	800.00	10.16	9.22	26.89	10.96
燕麦409	1027.00	11.75	10.24	27.29	11.52
燕麦478	827.00	9.62	9.21	28.27	11.26
平均	980.79	10.67	7.87	28.30	10.78

图4-7 玉门苜蓿＋燕麦

三、春闲田燕麦

（一）河套灌区春闲田燕麦

向日葵是河套灌区的主要经济作物，河套地区也是我国向日葵主产区，每年种植面积在 300 万亩左右。向日葵一般在 6 月中下旬播种，从 4 月初至 6 月上中旬有近 60 ～ 70 d 的生长时间。在河套灌区燕麦一般在 3 月中下旬即可进行播种，4 月初出苗，由于燕麦生长速度快，生育期短，并且饲用燕麦以收营养体为主，燕麦生长到 6 月上旬生育期可达抽穗至乳熟，所以在向日葵播种之前，可以种一茬燕麦，并不影响向日葵的播种，通过燕麦 + 向日葵的种植模式，实现河套灌区一年两收目的。利用春闲田种植燕麦的意义在于，一是燕麦不与经济作物争地，还可增加收入；二是河套灌区春季气候干燥多风，有利于优质燕麦干草的生产；三是改变了传统的种植模式，使河套灌区传统的一年一收，变为一年两收，提高了土地利用率；四是河套灌区春季气候干燥，风多风大，裸露地面遇刮风容易起尘，造成环境污染，种植燕麦后增加了地面覆盖物，避免了尘土飞扬，保护了环境。

临河是河套灌区向日葵种植的核心区。2015 年 3 月 20 日播种燕麦，4 月初出苗，到 6 月不同燕麦品种到达不同的生育阶段，6 月 10 日刈割，干草产量平均达 809.5 kg/ 亩，伽利略最高，可到 1098 kg/ 亩（表 4–11）。

表 4–11　2015 年临河春闲田燕麦生长状态和产草量

品种	播种日期 /（日 / 月）	测产日期 /（日 / 月）	成熟程度	倒伏程度	株高 /cm	鲜草产量 /（kg/ 亩）	干草产量 /（kg/ 亩）
白燕 7 号	20/3	10/6	孕穗	无	94.8	4789	624
青海甜	20/3	10/6	孕穗	无	101.1	3295	712
伽利略	20/3	10/6	孕穗	无	91.8	4524	1098
加燕 2 号	20/3	10/6	抽穗	无	92.4	4829	934
青引 2 号	20/3	10/6	开花	有	115.6	4536	782
青引 1 号	20/3	10/6	开花	无	110.6	4420	559
青海 444	20/3	10/6	开花	无	122.6	4369	835
陇燕 3 号	20/3	10/6	抽穗	无	98.6	4342	932
平均					103.44	4388	809.5

燕麦刈割后，6 月 15 日播种生育期中等的食用向日葵品种 3939，到 10 月 1 日收割，生育期 112 d，能够正常成熟，产量为 256 kg/ 亩（图 4–8）。

在 2015 年进行春闲田种植的基础上，2017 年扩大了种植面积，并引进了进口燕麦品种太阳神、黑玫克、魅力和福瑞至等进行试种，于 3 月 19 日播种，6 月 9 日刈割，燕麦为孕穗—抽穗期。8 个燕麦品种平均干草产量为 674.8 kg/ 亩，其中青海 444 成熟程度和干草产量都是最高，处于灌浆期，干草产量 759 kg/ 亩。干草产量高于 700 kg/ 亩的品种依次为青海 444、黑玫克和伽利略（表 4-12）。

图 4-8　临河区燕麦 + 向日葵

表 4-12　2017 年临河春闲田春闲田燕麦生长状态与产草量

品种	播种日期 /（日 / 月）	测产日期 /（日 / 月）	成熟程度	株高/cm	鲜草产量 /（kg/ 亩）	干草产量 /（kg/ 亩）
太阳神	19/3	9/6	孕穗期	97.4	3846	648
甜燕	19/3	9/6	孕穗期	97.0	4407	586
青海 444	19/3	9/6	灌浆期	108.4	3971	759
黑玫克	19/3	9/6	拔节期	93.4	4091	720
伽利略	19/3	9/6	抽穗期	87.0	4496	702
加燕 2 号	19/3	9/6	抽穗期	111.6	4502	691
魅力	19/3	9/6	孕穗期	97.8	4066	619
福瑞至	19/3	9/6	孕穗期	87.6	4469	673
平均				97.5		674.8

在河套灌区进行春闲田燕麦种植（图 4-9），到 6 月上中旬刈割，燕麦可进入抽穗—开花期，下旬可进入乳熟期，77 ～ 99 d。从表 4-13 中可以看出，因为生长天数和生育期的不同，对燕麦干草的产量影响也较大，随着生长期的延长和生育期的变化，燕麦产量在不同程度上增加，但增加幅度因品种不同而有差异，如青引 2 号和林纳增产幅度相差较大，青燕 2 号抽穗期、开花期和乳熟期的干草产量分别为 334 kg/ 亩、717 kg/ 亩和 814 kg/ 亩，与抽穗期相比，开花期和乳熟期的干草产量分别增加 1.15 倍和 1.44 倍，乳熟期比开花期增产 0.14 倍；林纳抽穗期、开花期和乳熟期的干草产量分别为 438 kg/ 亩、696 kg/ 亩和 703 kg/ 亩，与抽穗期相比，开花期和乳熟期的干草产量分别增加 0.59 倍和 0.60 倍，乳熟期比开花期增产 0.01 倍，产量变化不大。

图 4-9　河套灌区燕麦 + 向日葵

表 4-13　河套灌区春闲田燕麦产量

品种	刈割时期 /（日 / 月）	生育期	生长天数 /d	株高 /cm	干草产量 /（kg/ 亩）
青燕 1 号	4/6	抽穗期	77	99.8	317
	10/6	开花期	83	114.2	488
	17/6	乳熟期	90	122.0	492
青引 2 号	4/6	抽穗期	77	95.2	334
	12/6	开花期	85	119.0	717
	24/6	乳熟期	97	129.0	814
青海 444	4/6	抽穗期	77	98.4	467
	10/6	开花期	83	120.8	530
	17/6	乳熟期	90	140.6	576
林纳	10/6	抽穗期	83	93.4	438
	17/6	开花期	90	114.4	696
	12/6	乳熟期	99	113.2	703

4 个燕麦品种在抽穗—乳熟期的粗蛋白质的含量为 9.32% ～ 17.62%，中性洗涤纤维和酸性洗涤纤维含量分别为 57.24% ～ 71.99% 和 34.57% ～ 41.49%（表 4-14）。

表 4–14　春闲田燕麦营养成分（临河）　　　　　　　单位：%DM

品种	生育期	粗灰分	钙	磷	粗脂肪	粗蛋白质	中性洗涤纤维	酸性洗涤纤维
青燕 1 号	抽穗期	10.31	0.11	0.21	2.37	13.70	61.77	35.67
	开花期	10.39	0.13	0.17	2.12	13.43	61.50	35.86
	乳熟期	8.27	0.11	0.11	2.27	10.72	64.74	38.76
青引 2 号	抽穗期	13.02	0.25	0.22	3.35	17.62	58.90	36.04
	开花期	10.27	0.12	0.17	2.42	12.45	65.14	40.37
	乳熟期	8.23	0.13	0.11	2.47	9.32	71.99	42.36
青海 444	抽穗期	11.10	0.14	0.19	1.99	16.01	57.24	34.40
	开花期	10.98	0.32	0.16	1.24	10.71	65.48	41.19
	乳熟期	9.81	0.09	0.12	2.06	10.88	66.26	41.49
林纳	抽穗期	12.88	0.24	0.21	1.75	16.17	57.63	34.57
	开花期	10.12	0.11	0.16	1.59	12.96	66.12	39.78
	乳熟期	9.10	0.16	0.15	2.45	11.78	63.26	40.10

（二）河西走廊春闲田燕麦

甘肃省玉门大业草业科技有限公司 2017 年利用春闲田种植燕麦获得了转好的效果（表 4–15，图 4–10）。3 月底至 4 月初进行燕麦播种，6 月中下旬刈割，之后进行苜蓿播种。由表 4–15 看出，在玉门进行春闲田燕麦生产可获得较高的饲草产量，10 个燕麦品种平均干草产量可达 777.2 kg/ 亩，黑玫克最高可达 927 kg/ 亩，最低的福瑞至也达 663 kg/ 亩。

从营养成分看（表 4–15），粗蛋白质含量 10 品种平均为 11.49%，除美达、福瑞至和黑玫克低于 10% 外，其余品种的粗蛋白质含量均在 10.22% ～ 14.95%，其中燕麦 478 粗蛋白质含量最高，达 14.95%；粗纤维含量 10 个品种平均为 37.23%，粗灰分平均为 13.46%。

表 4–15　春闲田燕麦产量及营养成分（甘肃玉门大业草业科技公司，2017 年）

品种	干草亩产 / (kg/ 亩)	水分 /%DM	粗蛋白质 /%DM	粗纤维 /%DM	粗灰分 /%DM
美达	803	5.08	9.80	40.37	12.55
速锐	680	5.45	10.22	38.98	12.63
苏特	817	5.35	10.78	39.67	13.67
福瑞至	663	5.28	9.24	41.15	13.07
贝勒	710	5.03	10.42	39.40	12.13
黑玫克	927	5.45	8.44	35.07	10.41
伽利略	793	6.10	13.60	32.11	15.32
梦龙	793	6.30	13.62	35.24	14.78

续表

品种	干草亩产 /（kg/ 亩）	水分 /%DM	粗蛋白质 /%DM	粗纤维 /%DM	粗灰分 /%DM
燕麦 409	813	7.16	13.85	35.49	15.62
燕麦 478	773	7.32	14.95	34.31	14.37
平均	777.2	5.84	11.49	37.23	13.46

图 4-10 玉门春闲田燕麦

四、秋闲田燕麦

河套灌区为黄河中游的大型灌区，是中国最大的灌区。位于内蒙古西部，北靠阴山，南临黄河，西至乌兰布和沙漠，东至包头。东西长 270 km，南北宽 40 ～ 75 km，总面积 105.33 万余公顷。灌区地形平坦，西南高，东北低，海拔 1007 ～ 1050 m。土壤以盐渍化浅色草甸土和盐土为主。灌区热量充足，全年日照 3100 ～ 3200 h，10 ℃以上活动积温 2700 ～ 3200 ℃，无霜期 120 ～ 150 d，年可一熟。作物种类很多，有小麦、甜菜、玉米、胡麻、葵花、糜子及瓜果、蔬菜等。但雨量稀少，年降水量仅130 ～ 250 mm，而年蒸发量达 2000 ～ 2400 mm，湿润度 0.1 ～ 0.2。黄河年均过境水量 280 亿 m³，水质较好，故这一地区利用黄河灌溉发展农业历史悠久。

（一）小麦收获后种植燕麦的产量

河套灌区为我国春小麦的主产区，每年种植面积在 150 万亩左右，小麦收割后，大量的土地闲置。河套灌区春小麦一般在 7 月 15 日前后开始收割，7 月底基本收割结束，从 8 月至 10 月中下旬麦类作物停止生长，还有 70 ～ 80 d 的时间。河套灌区秋天气候凉爽，日照充足，土壤肥沃，具灌溉条件，极适燕麦生长。燕麦生长速度快，生长温度要求低，河套灌区一般夏播燕麦在 7 月底至 8 月初进行，5—7 月出齐苗，到 10 月中下旬燕麦生长进入抽穗期。

临河区是河套灌区春小麦的主产区，2014 年 8 月初在小麦收割后进行播种，10 月下旬刈割，燕麦干草产量在 600 ～ 852 kg/ 亩（表 4-16，图 4-11）。

表 4-16　临河秋闲田燕麦产量（2014 年）

品种	出苗时间	株高 /cm	干草重 /（kg/ 亩）
青燕 1 号	8.12	136.8	748
青引 2 号	8.12	153.6	852
青海甜燕	8.12	118.2	672
青引 1 号	8.12	122.0	672
加燕 2 号	8.12	124.6	600
林纳	8.12	124.4	761
天鹅	8.12	130.6	763

图 4-11　小麦收获后种植燕麦

2017 年在临河继续小麦后的燕麦复种（图 4-12），选用国产和进口燕麦品种进行试种，于 7 月 22 日播种，7 月底至 8 月初燕麦出齐苗，10 月上旬进入抽穗—开花—乳熟期（表 4-17），10 月 11 日刈割，平均产量 997.7 kg/ 亩，美达最高，达 1244 kg/ 亩，太阳神最低，为 820 kg/ 亩。

图 4-12　小麦 + 燕麦干草捆

表 4-17　秋闲田燕麦生长状态和干草产量

品种	播种日期 /（日 / 月）	测产日期 /（日 / 月）	成熟程度	株高 /cm	亩产 /kg
速锐	22/7	11/10	乳熟后期	123.4	939
太阳神	22/7	11/10	抽穗初期	121.6	820
福瑞至	22/7	11/10	孕穗期	119.6	1031
黑玫克	22/7	11/10	孕穗期	108.0	936
苏特	22/7	11/10	孕穗期	107.0	962
贝勒	22/7	11/10	开花期	123.0	1150
魅力	22/7	11/10	孕穗期	115.6	1108
伽利略	22/7	11/10	抽穗期	105.0	955
美达	22/7	11/10	乳熟期	122.8	1244
白燕 7 号	22/7	11/10	乳熟期	116.4	835
加燕 2 号	22/7	11/10	开花期	115.8	995
平均				116.2	997.7

2019 年在河套灌区的五原县进行秋闲田燕麦大面积推广种植（图 4-13），于小麦收割后的 7 月底播种燕麦，3 ～ 5 d 出苗，10 月 12 日刈割（孕穗—抽穗期），3 个燕麦品种平均干草产量为 952.34 kg/ 亩（表 4-18），美达产量最高，达 1154.31 kg/ 亩。

图 4–13　五原县小麦收获后种植燕麦

表 4–18　2019 年五原秋闲田燕麦产量

品种	株高 /cm	鲜草产量 /（kg/ 亩）	干草产量 /（kg/ 亩）
贝勒	154.93	4313.55	818.28
福瑞至	116.08	4913.58	884.44
美达	120.80	5426.94	1154.31
平均	130.60	130.60	952.34

（二）小麦收获后种植燕麦的品质

燕麦营养价值受刈割时期的影响，营养成分差异较大（表 4–19）。9 月 29 日刈割粗蛋白质含量较高，在 14.79% ～ 22.57%，10 月 20 日刈割粗蛋白质含量下降明显，仅为 8.46% ～ 14.53%；中性洗涤纤维和酸性洗涤纤维随着刈割时间的延后而有增加，如中性洗涤纤维，9 月 29 日刈割的燕麦其含量在 49.55% ～ 59.73%，10 月 20 日刈割的燕麦其含量在 54.83% ～ 62.67%。

表 4–19　河套灌区秋闲田燕麦营养成分

品种	刈割时间 /（日 / 月）	酸性洗涤纤维 /%	中性洗涤纤维 /%	粗蛋白质 /%
胜利者	29/9	32.59	54.31	18.70
林纳	29/9	30.98	49.55	22.57
天鹅	29/9	36.66	59.73	14.79
加燕 2 号	29/9	30.81	51.04	21.85
青海甜燕麦	29/9	31.06	50.80	20.61

续表

品种	刈割时间 /（日 / 月）	酸性洗涤纤维 / %	中性洗涤纤维 /%	粗蛋白质 /%
青引 1 号	29/9	31.99	50.81	20.64
青引 2 号	29/9	34.54	56.65	17.30
青燕 1 号	29/9	33.35	54.84	18.27
青燕 1 号	20/10	33.94	55.56	14.53
青引 2 号	20/10	36.79	62.67	10.73
天鹅	20/10	30.99	55.06	11.31
内燕 5 号	20/10	33.13	54.83	8.46
青引 1 号	27/10	35.59	56.22	13.09
青燕 1 号	27/10	35.27	56.88	12.96
加燕 2 号	27/10	34.98	55.09	13.62
天鹅	27/10	36.36	59.65	9.85
林纳	27/10	33.06	52.74	15.64
青引 2 号	27/10	35.11	58.54	8.71
青海甜燕麦	27/10	29.18	49.64	15.38
胜利者	27/10	34.44	58.87	13.56

第五章 饲用燕麦品种与种子质量要求

饲用燕麦作为优质牧草，易种、易收、易青贮、易轮作，喜冷凉气候，适宜我国大部分地区种植。饲用燕麦品种类别丰富，进口的、国产的；早熟的、晚熟的；春性的、冬性的；感病的、抗病的；颜色深浅不一，叶片宽窄不一，茎秆粗细不一。此外，内蒙古东西跨度大，土地资源丰富，在生物气候带、土壤种类、动植物种类、生态类型和水热条件等方面均具有明显的多样性区域特点。不同区域和条件，适宜种植不同种类的燕麦品种。气候的改变导致同一燕麦品种在同一地区不同年度的表现有很大的差异，给农场在燕麦品种选择上造成了相当大的困惑。所以有必要总结不同品种在不同情况下的表现，尽量通过合理的品种配置，降低生产损失。

随着燕麦种植面积的不断增加，其种子市场流通的量也随之增加。种子生产者通过种子质量评定确定生产和销售的种子产品的质量是否符合相关法律规定和市场的需求；根据种子质量评定等级，种子购买使用者在种植作物前确定种子质量，以免因种子质量问题造成减产，甚至绝产及生产过程投入的人力、物力和财力的损失。在现代种业体系中，种子质量评定是重要的内容，作为监督种业发展的有效方式，对现代种业体系更好地发展起到了一定的促进作用。燕麦种子质量评定与燕麦产业发展密切相关，种业竞争的核心是种子质量竞争，适时适量规范燕麦种子生产质量控制是促进我国燕麦产业高质量发展的关键。

第一节 饲用燕麦种类

一、皮燕麦与裸燕麦

燕麦为粮饲兼用型植物。在栽培中常见的有两种，一为皮燕麦，即燕麦（*Avena sitiva*），亦叫普通燕麦，俗称饲用燕麦；另一种为裸燕麦，北方俗称莜麦（*Avena muda*），为食用型，云贵地区的燕麦即是此（图5-1至图5-3）。

图5-1 裸燕麦（莜麦）种子与皮燕麦种子

图 5-2　饲用型燕麦　　　　　　　　　图 5-3　食用型燕麦（莜麦）

皮燕麦，外稃紧包籽实与内稃呈革质，内外稃形状大小几乎相等，外稃具 7～9脉，小穗一般具有 2～3 朵小花。呈纺锤形或燕翅形（图 5-4），小花梗较短不弯曲，颖果狭长，包于内外两稃内，果实成熟时不脱落。饲草用的燕麦一般都是皮燕麦，是极其重要的饲草，营养体和籽实都是很好的饲料（崔友文，1953；1959）。

裸燕麦，周散形圆锥花序（图 5-5），外稃不包籽实与内稃，籽粒与外稃分离，内外稃膜质无毛，内外稃形状构造相似，大小不一，外稃具 9～11 枚，小穗一般具有 3朵以上小花，呈鞭炮形、棍棒形，小花梗较长（＞5 mm）、弯曲，花期后小花多伸出外稃；种子成熟后易脱落（崔友文，1953；1959）。

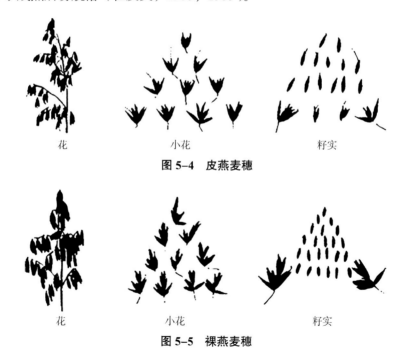

花　　　　　　　　小花　　　　　　　　籽实

图 5-4　皮燕麦穗

花　　　　　　　　小花　　　　　　　　籽实

图 5-5　裸燕麦穗

二、燕麦花序类型

燕麦的圆锥花序可区分为 5 种类型（图 5-6）：

Ⅰ 侧散型：扁形的小枝，紧靠着圆锥花序主轴，小枝向一侧分生；

Ⅱ半紧密型：圆锥花序侧枝与主轴的偏角为锐角，小于 45°；

Ⅲ周散型：侧枝与主轴之间成 60° ～ 70° 角；

Ⅳ水平状型：具有水平的分枝，枝条的偏角将近 90°；

Ⅴ下垂型：具有成弧形下垂的枝条。

图 5-6　燕麦花序类型

1- 侧散型；2- 半紧密型；3- 周散型；4- 水平状型；5- 下垂型

第二节　燕麦品种特性

一、燕麦品种的种类

目前我国燕麦品种主要有两类，即国产燕麦品种（图 5-7）和国外燕麦品种（图 5-8）。国产燕麦品种主要有青海燕麦，如青引 1 号、青引 2 号、青海 444、加燕 2 号等，甘肃燕麦，如陇燕 1 号、陇燕 2 号、陇燕 3 号等。国外燕麦品种，即进口燕麦品种，主要有美国燕麦和加拿大燕麦，在生产中美国燕麦品种居多，如贝勒、燕王、牧王等。

图 5-7　国产燕麦品种

图 5-8 国外燕麦品种

二、品种特性

国产燕麦品种耐旱、耐寒、耐瘠薄和易管理，对土壤要求不严，生育期适中，对我国北方气候适应性强，适宜旱地、高寒冷凉、瘠薄地种植。对生产条件要求较低，可表现出较好的生产性能（表 5-1）。

表 5-1 国产部分饲用燕麦品种特性

品种名称	生育期 /d	特性
青引 1 号	100～110	草籽兼用型，株高 155～177 cm，籽实浅黄色，千粒重 30.2～35.6 g，茎叶柔软、适口性好，各类家畜均喜食
青引 2 号	96～106	草籽兼用型，株高 154～171 cm，千粒重 30.2～34.8 g，籽实浅黄色，千粒重 30～35 g。株高 140～160 cm，茎秆径粗 0.4～0.6 cm，叶宽 1.3～1.7 cm。产籽 250～300 kg/ 亩。通常在海拔 3400 m 以上地区种子难成熟，宜作收获饲草种植。耐瘠薄、耐寒、较抗倒伏，适应性强
青海甜燕麦	120～135	中晚熟草籽兼用品种，株高 159～175 cm。圆锥花序侧散，种子白色至乳白色，外稃无芒，粒大饱满，千粒重 30～45 g。穗轴基部明显扭曲。生长整齐，抗倒伏，不甚耐旱，群体密度稍差。茎叶有甜味，适口性好，籽实 200～270 kg/ 亩。茎占全株重的 58.1%，叶占 17.25%，花序占 17.25%。在 3000 m 以上地区难成熟，宜作饲草种植
林纳	115～135	中晚熟品种，株高 144～161 cm，千粒重 24.8～35.8 g。株高适中，不倒伏，种子产量高，熟期一致，长势整齐，叶量丰富，适口性好。平均种子产量 356 kg/ 亩、籽粒粗蛋白质含量 11.03%，粗脂肪 3.96%，β – 葡聚糖 4.2%，壳率低（37.4%），出籽率高，破损率低，适合燕麦食品加工

续表

品种名称	生育期 /d	特性
青燕 1 号	82 ～ 122	早熟品种，株高 155 ～ 167 cm，平均有效分蘖达 2.05 个，籽粒黑褐色，千粒重 24 ～ 33.2 g。种子产量达 226 kg/ 亩，其籽粒粗蛋白质含量 16.13%，粗脂肪 4.75%，β - 葡聚糖 4.5%。该品种生长整齐，穗头大，早熟，饲草、种子产量高，稳产耐贫瘠，适应性强，易管理
白燕 7 号		中早熟品种、粮饲兼用、产量、品质、抗逆性强。平均株高 161 cm、主穗粒数 44.7 个、小穗数 23.8 个、千粒重 28.7 g，籽粒粗蛋白质含量 12.26%，粗脂肪 4.18%，β - 葡聚糖 4.5%，品质优良，营养丰富，商品价值高。种子产量为 223 kg/ 亩
加燕 2 号	110 ～ 130	产量高、品质好、再生力强、种子成熟不落粒，千粒重 33 ～ 35.5 g，草籽兼用型。株高 150 ～ 170 cm，茎粗 0.45 ～ 0.65 cm，农区旱地种，产籽实 300 ～ 350 kg/ 亩
青海 444	90 ～ 110	中早熟品种，草籽兼用品种。株高 150 ～ 170 cm，籽粒黑色，有光发亮，具短芒，千粒重 33 ～ 35 g。籽实产量 180 ～ 210 kg/ 亩，耐寒抗旱性好，抗逆性强，较抗倒伏
巴燕 3 号	82 ～ 100	早熟品种，株高 125 ～ 157 cm，籽粒灰褐色，千粒重 24 ～ 33 g。生长整齐，早熟，饲草、种子产量高，稳产耐贫瘠，适应性强，易管理

风险提示：燕麦是一年生作物，其产量、品质等农艺性状受环境影响较大，在大风大雨条件下易发生倒伏。

国外燕麦品种主要有美国燕麦和加拿大燕麦，如贝勒、福瑞至、黑玫克等（表 5-2）。国外燕麦品种具有较好的优良性状，但其优良性状需要在好的生产条件才能表现出来，对水分比较敏感，需要精耕细作，特别是要求有灌溉条件，或降水量在 400 mm 的地区生长良好。

表 5-2　国外部分饲用燕麦品种特性

品种名称	成熟期	特性
速锐	早熟	抗倒伏，抗病性强，生长速度快，牧草产量高
美达	早熟	生长速度快，叶茎比高，牧草产量高，耐寒抗旱能力强
贝勒	中熟	综合性状田间表现稳定，抗病虫害能力突出，高产优质
枪手	中熟	强抗寒，抗倒伏能力强，牧草产量高，抗病虫能力强
魅力	中熟	籽粒饱满，出苗快，耐寒抗旱能力强，分蘖能力强
太阳神	中熟	籽粒饱满，高产优质，抗寒能力强，茎秆有力抗倒伏
福瑞至	中晚熟	叶片宽大螺旋向上，竞争能力强，产量高，抗逆性强
贝勒 2	晚熟	种子活力高，出苗快，建植率高，叶量丰富，产草量高
黑玫克	晚熟	叶片宽大，叶茎比高，产量高，牧草品质好，耐贫瘠
爱沃	超晚熟	分蘖能力强，产量高，品质优，直立生长，抗倒伏能力强

风险提示：燕麦是一年生作物，其产量、品质等农艺性状受环境影响较大，在大风大雨条件下易发生倒伏。

第三节　饲用燕麦品种选择规范

一、品种选择原则

根据当地生态环境、栽培条件和栽培制度，适地适时地选择丰产性优、适应性强、抗逆性好、优质性佳的饲用燕麦品种；选择的品种必须是通过国家或地方审定或引种备案的品种。

一般情况，根据生产条件及土壤、气候等考虑燕麦品种选择，一般旱地、高寒冷凉区、土壤瘠薄、生产条件较差地区的燕麦种植户，以选用国产品种为好。

倘若生产条件优越，土壤肥沃，有灌溉条件，具有精耕细作能力的种植户可适当选用国外品种。

二、品种要求

（一）生育期

根据季节和茬口等要求，选择适宜生育期的燕麦品种（表5-3）。

表 5-3　燕麦生育期分类

熟性分类	生育期
极早熟	≤ 85 d
早熟	86 ～ 100 d
中熟	101 ～ 115 d
晚熟	116 ～ 130 d
极晚熟	> 130 d

（二）丰产性

在相同栽培条件下比同类型对照品种增产显著的品种如表5-4所示。

表 5-4　饲用燕麦品种丰产性要求

特性	品种要求
产草量	产草量高
株高	植株高大
有效分蘖数	有效分蘖数多
叶片数	叶量丰富
叶面积	叶片宽大

（三）适应性

品种对其栽培地区环境及栽培条件的适应能力较强，应用范围较广，不同年份产量变化较小，稳产性高。

（四）抗逆性

饲用燕麦品种抗逆性要求如表 5-5 所示。

表 5-5　饲用燕麦品种抗逆性要求

特性	品种要求
抗旱性	根系发达，抗旱能力强
耐瘠薄	良好，在土壤贫瘠、养分不足的条件下正常生长，并获得较高的产草量
抗倒伏	具有一定的抗倒伏能力，倒伏级别不高于 1 级
抗病虫	具有一定的抗病虫害的能力，如锈病、黑穗病、白粉病及黏虫、草地螟、蚜虫等

（五）优质性

饲用燕麦品种优质性要求如表 5-6 所示。

表 5-6　饲用燕麦品种优质性要求

特性	品种要求
适口性好	柔嫩多汁，口感偏甜，消化率较高，各类家畜均喜食
叶量丰富	叶繁盛，叶茎比较高
营养价值高	中性洗涤纤维含量 ≤ 55%，粗蛋白质含量 ≥ 8.0

三、品种选择

内蒙古饲用燕麦主要栽培区域为大兴安岭沿麓、西辽河流域、阴山沿麓和沿黄灌区栽培区。根据不同区域的特点及栽培制度选择相适应的品种类型（表 5-7）。

表 5-7　饲用燕麦主要栽培域品种选择

主要栽培区域	区域特点	利用类型	品种要求
大兴安岭沿麓栽培区	半干旱大陆性气候，年降水量在 350 mm 左右	旱作、单季栽培为主灌溉地、单季栽培为主	适应性强、耐旱（在年降水量 350 mm 的旱作条件下能够保持稳产）、耐瘠薄，生育期较长的中晚熟品种，干草产量不低于 350 kg/ 亩 适应性强、高产、优质、抗病虫、抗倒伏，生育期较长的中晚熟品种，干草产量不低于 500 kg/ 亩

续表

主要栽培区域	区域特点	利用类型	品种要求
西辽河流域栽培区	温带大陆性气候,年降水量≥320 mm	旱作、单季栽培为主	适应性强、耐旱(在年降水量320 mm以上的旱作条件下能够保持稳产)、耐瘠薄,生育期较长的晚熟品种,干草产量不低于350 kg/亩
		灌溉地、春夏两季栽培	适应性强,高产、优质、抗病虫、抗倒伏,春播中晚熟品种干草产量不低于600 kg/亩;夏播早熟品种干草产量不低于500 kg/亩,两季干草产量不低于1000 kg/亩
阴山沿麓栽培区	中温带半干旱大陆性季风气候,年均降水量在300 mm左右	北麓旱作、单季栽培	适应性强、耐旱(在年降水量300 mm的旱作条件下能够保持稳产)、分蘖能力强,生育期长的晚熟品种,干草产量不低于350 kg/亩
		南麓灌溉地、春夏两季栽培	适应性强,高产、优质、抗病虫、抗倒伏,可春播大麦+夏播中熟燕麦品种,单季燕麦干草产量不低于650 kg/亩;或春播中晚熟燕麦品种+夏播中早熟品种,两季干草产量不低于1000 kg/亩
沿黄灌区栽培区	温带大陆性气候,年均降水量<300 mm	灌溉地、春夏两季栽培(不建议旱作)	适应性强,高产、优质、抗病虫、抗倒伏,可春播小麦+夏播早熟燕麦品种,单季干草产量不低于650 kg/亩;或春播早熟燕麦品种+夏播向日葵,单季干草产量不低于500 kg/亩;或春播中晚熟燕麦品种+夏播中熟品种,两季干草产量不低于1200 kg/亩

第四节 饲用燕麦种子质量要求

一、质量要求

皮燕麦种子外观为纺锤形,宽大,有纵沟,颜色为黑色、紫色、褐色、灰色、白色、黄色等;裸燕麦种子外观为圆筒形、卵圆形、纺锤形、椭圆形等,颜色为白色、粉红色、黄色等。种子应饱满、无异味、无霉变、无病原体及害虫侵袭等。

二、质量分级

饲用燕麦种子质量分级见表5-8。

表5-8 饲用燕麦种子质量分级   单位:%

级别	纯度不低于	净度不低于	发芽率不低于	水分不高于
一	99	98	95	12
二	97	98	90	12
三	97	95	85	12

第六章　燕麦种植技术

燕麦作为粮饲兼用的农作物，在世界各地广泛种植，总产量在世界八大粮食作物中居第五位。主要种植区分布在北半球的冷凉地带，重要的生产国有俄罗斯、加拿大、美国、芬兰、波兰、澳大利亚、中国等。燕麦在我国 20 世纪 60 年代种植面积最高达 170 万 hm²，80 年代开始大幅度下降，2003 年最低为 30 万 hm² 左右，自 2004 年又开始呈逐年上升趋势，目前种植面积平均约 80 万 hm²。主要分布在内蒙古、河北、吉林、山西、陕西、青海和甘肃等地，云、贵、川、藏有小面积的种植，内蒙古燕麦种植面积和总产量位居全国第一，种植面积稳定在 400 万亩左右。

第一节　播前准备

一、地块选择

选择地势平坦，相对较大的地块用于燕麦种植（图 6-1），这样有利于机械化播种、收获等作业。燕麦对土壤要求不严，各类土壤均可种植，但喜欢生长在疏松的土壤中，应选择在土壤耕层深厚，土质疏松、有机质含量为 1% 以上的肥沃土壤，前茬为未使用过高毒，高残留农药的马铃薯、荞麦或玉米等地块为宜。苜蓿是燕麦的最好前茬作物，燕麦也是苜蓿倒茬的最佳作物，应优先考虑。

具备灌溉条件的地块是种植燕麦最理想的地块，也是保障燕麦获得高产的基础，应优先选择。

图 6-1　适于种植燕麦的地块

二、轮作倒茬

燕麦与其他多数作物一样，不宜连作。长期连作一是病害增多，特别是黑穗病，条件适宜的年份往往会造成蔓延，使燕麦产量严重受损；二是杂草增多，因燕麦幼苗生长缓慢，极易受杂草抑制，严重影响燕麦的生长；三是不能充分利用养分。种植第一季燕麦必须轮作倒茬（图6-2B）。前茬可选择玉米、大豆、油菜、马铃薯或苜蓿等作物（图6-2A）。在内蒙古燕麦一般采用单作的种植形式。

图6-2A　苜蓿前茬

图6-2B　燕麦轮作倒茬

三、种植模式

一年一季：适宜寒旱区，无霜期100 d左右的地区。

一年两茬燕麦：适宜具有灌溉条件，且无霜期在140 d以上的地区，可进行春播燕麦，之后再播种一茬燕麦。

春闲田燕麦：适宜向日葵主产区，如河套灌区在播向日葵之前，于3月中下旬播种燕麦，6月上旬将燕麦收割，再种向日葵；后茬主要作物播种前有60～70 d生长时间，即可播种燕麦，燕麦收割后再播种主要作物（图6-3）。

秋闲田燕麦：适宜小麦主产区，如河套灌区在7月中下旬收割小麦后，7月下旬至8月初再播种燕麦，10月中下旬收割燕麦；或其他作物收割后，仍有60 d以上的生长时间，都可再种一茬燕麦（图6-4）。

图 6-3　向日葵前种一茬燕麦

图 6-4　小麦后复种燕麦

第二节　整地与施肥

内蒙古燕麦以春播、夏播或夏末秋初播为宜。

一、春播地

内蒙古大部分燕麦为春播，所以要做好秋深耕整地工作（图 6-5），为第二年燕麦春播做好准备。秋耕施肥，在前茬作物收获后，应先进行浅耕灭茬。经过耙糖，清除根茬，破碎大土块，准备施肥。施足底肥对提高燕麦产量极为重要，一般燕麦地需要每亩施优质农家肥料 1500 kg 以上，而且要施足施匀，大块肥料应打碎打细。为了确保在短时间内完成整地施肥工作，应做到边收、边灭茬、边施肥，边深耕，达到速度快质量高，改良土壤理化性状，提高土壤的蓄水保墒能力。燕麦须根发达，在秋季翻地时，适宜翻深 25 ～ 30 cm，翻后及时耙地和糖地镇压。11 月中下旬对秋翻整地后进行灌溉，从而为春季顶凌播种打下墒情。

图 6-5　春季整地

二、夏播地

夏播地有两种情况。一是到夏天雨季到来时播种，为一年只收一茬燕麦，这种情况多为旱地燕麦；二是内蒙古有部分热量充足，生育期相对较长，并具有灌溉条件的地区，在小麦等作物收获后还有 60 ～ 70 d 或更长的生长期，可以进行夏播燕麦。由于受前茬收获期的制约，留给燕麦夏播的时间较短，因此在前茬作物收获后，一是应及时灌溉深耕整地，进行带墒播种；二是应及时深耕整地（图 6-6），播种后灌水（也叫盖头水），不管哪种播种方式，整地做到土细墒平无杂物。尤其在高海拔区，争取早耕深耕，是防旱保墒、全苗、壮苗，提高产量的一个先决条件。燕麦之所以缺苗断垄比较严重，从客观上讲，不外乎是整地粗糙、土壤悬虚、土壤墒情不好和虫害鸟害所致。

图 6-6 夏季整地

（一）整地标准

播种燕麦的地保持上虚下实。为给燕麦种子萌芽出苗创造一个无土块、无根茬，土地平整细碎，使悬虚的土层踏实，造成上虚下实，水肥气热协调的良好环境。整地早，整地好，土壤水分得到蓄存，是形成齐苗、全苗、壮苗的基础（图 6-7）。

图 6-7A 整地后上虚下实的土壤　　图 6-7B 上虚下实土壤上的燕麦出苗情况

土壤太疏松干燥、土壤悬虚（图 6-8）时，需要镇压使耕层土壤紧实减少土壤空隙，减轻气态水的扩散，增加毛细管作用，把土壤下层水分提升到耕作层，增加耕作层的土壤含水量。倘若在特别疏松干燥、悬虚的土壤上进行播种，易产生吊根死苗现象，造成燕麦缺苗断垄（图 6-9）。

图 6-8　悬虚的土壤

图 6-9　土壤悬虚地上燕麦严重缺苗

（二）整地方法

春播以秋翻整地为宜，耕翻深度 25 ～ 30 cm，翻后耙耱、整平（图 6-10）。夏播在第一季收获后及时用轻耙耙地或用旋耕机旋耕整平。

图 6-10　土地整平

第三节　播　种

一、种子处理

（一）选种

播种前对种子做进一步的精选和处理，是提高种子质量，保证苗全苗壮的措施之一（图 6-11）。选种是提高种子质量既简单又有效的办法，俗话说"母壮儿肥""好种出好苗"就是选种道理。对燕麦来说选种更为重要，因为燕麦为圆锥花序，小穗与小穗间，粒与粒间的发育成熟不均衡，小穗以顶部小穗发育最好，粒以小穗基部发育最好，所以应通过风选或筛选，选出粒大而饱满的种子供播种使用。

图 6-11　燕麦选种

（二）晒种

晒种（图 6-12）的目的，一是为了促进种子后熟作用，二是利用阳光中的紫外线杀死附着在种子表皮上的病菌，以减少菌源，减轻病害。另外，通过晒种，能使种子内部发热变化，促进早发芽，提高发芽率，因此是一个经济有效的增产措施。晒种的方法很简单，在播种前几天，选择晴天无风，在硬化的水泥地面上将种子摊薄 2 ～ 3 cm 厚，晒 4 ～ 5 d，即可提高燕麦种子的活力，提早出苗 3 ～ 4 d。

图 6-12　晒种

（三）发芽试验

在燕麦播种前，应该做一下发芽试验（图 6-13），特别对从外地新调进来的种子进行发芽试验尤为重要。试验方法简单，先将种子混合均匀，随机取样 100 粒，用清水浸泡后，摊在垫有湿纸或湿沙的盘子里，上面盖上湿纸或湿布，放在 15 ～ 20 ℃ 的温度条件下，3 d 后统计发芽数占种子总数的比例，叫发芽势。种子发芽数越多，说明发芽势越强。

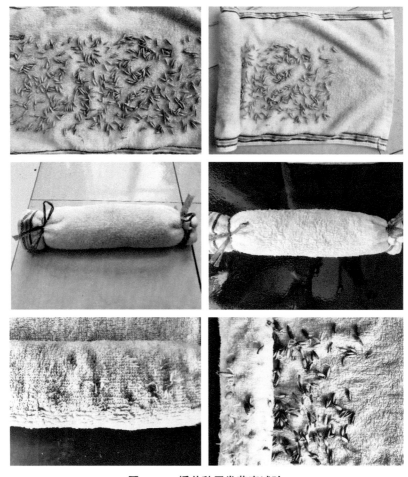

图 6-13　播前种子发芽率试验

计算公式：

发芽势（%）=3 d 内发芽数 / 供试验种子总数 ×100

7 d 内的发芽数占供试验种子总粒数的百分比，叫发芽率。计算公式：

发芽率（%）=7 d 内发芽数 / 供试验种子总数 ×100

如果 100 粒种子中有 95 粒发芽，发芽率就是 95%。为了做到试验准确，要用同样种子作 2～3 份试验，最后以各份试验的平均数为准。好的燕麦种子发芽率在 95% 以上。倘若发芽率在 90% 以下，要适当增加播种量。

（四）拌种

黑穗病、锈病、病毒病是较为常见的导致燕麦减产的病害，因此要大力提倡药剂拌种，并掌握拌种规程，才能产生应有的效果。用种子量 0.2% 的拌种双或多菌灵拌种，可防治燕麦丝黑穗病、锈病等，地下害虫严重的地区也可用辛硫磷或呋喃丹拌种。红叶病是由蚜虫传播黄矮病毒引起的燕麦上的重要病害，有效防治蚜虫可控制燕麦红叶病的发生。可用确噻虫嗪种衣剂对燕麦种子进行包衣（图6-14），对燕麦蚜虫和红叶病有显著效果。

二、播种方法

燕麦最好采用开沟条播，不宜撒播（图6-15D）。机械播种下种均匀一致，易于控制播种深度和播种量，有利于出苗整齐一致，并且播种施肥可一次作业完成（图6-15A），省时省工。因此较大的地块尽量采用机械播种（图6-15B、C）。不便机械作业的较小地块可采用人工开沟或牛犁开沟条播，若牛犁开沟一定要把握沟的深度，不宜过深。

图6-14　包衣燕麦种子

图6-15A　播种施肥一次作业完成

图6-15B　燕麦机械播种

图6-15C　出苗整齐一致的机播燕麦

图 6-15D　出苗均匀不一的撒播燕麦

三、播种时间

春播，当耕层 5 cm 土壤温度达到 5 ℃以上即可播种，一般在 3 月下旬开始播种，4 月上旬完成播种（图 6-16A）。夏播种时间在 6 月下旬至 7 月中旬（图 6-16B）。复种燕麦，在前茬作物收获后应及时播种，一般在 7 月中下旬播种，到 8 月上旬结束。

图 6-16A　河套灌区春播燕麦　　　　图 6-16B　河套灌区夏播燕麦

四、种肥选择与施肥量确定

每亩地施优质农家肥料 1500 kg 以上作为底肥是极为重要，播种时每亩用磷酸二铵 15 kg 的种肥。目前市场上也有氮、磷、钾复合肥料，也可使用。

五、播种量确定

燕麦的分蘖能力强，属密型植作物，依靠群体获得产量。而密植合理与否与品种的种性有着直接的关系。国产品种一般播种量为 15 ～ 18 kg/ 亩；国外品种一般 9 ～ 12 kg/ 亩。根据播种时的土壤墒情确定播种量的大小。若采用散播，其播种可适当大一些。

六、播种行距与深度

条播行距 15 ～ 20 cm，深度以 3 ～ 5 cm 为宜，防止重播、漏播，下种要深浅一致，播种均匀。播种深度过浅、过深都不利于燕麦种子萌发和幼苗生长（图 6-17，图 6-18）。播种过浅容易将种子暴露于土壤表面，影响燕麦种子的吸水萌发；播种过深影响燕麦幼苗的生长，容易产生黄化苗（图 6-19）。

图 6-17　撒播覆土薄厚不一

图 6-18　悬虚土壤机播种深浅不一

图 6-19　燕麦黄化苗

造成播种过深的主要原因：一是土壤太疏松悬虚，播种深浅不一；二是覆土薄厚不均匀，覆土多的地方种子入土太深。播种深度超过 5 cm，幼苗出土时间太长，由于长时间的土里生长，耗尽胚乳中的营养物质，导致燕麦幼苗营养不良，次生根少而弱、叶片细长、瘦弱发黄，分蘖减少，抗性（抗旱耐寒和抗病）明显降低，对产量造成严重的影响。

七、播后镇压

播后应镇压（图6-20）或耱地（图6-21）使土壤和种子密切结合，一是可防止漏风闪芽；二是可使悬虚的土壤紧实，促使根系与土壤紧密接触，防止吊根现象的发生。另外，在土壤墒情差的时候，播种后一定要进行镇压，一方面通过镇压切断土壤表面的毛细管，防止土壤水分的进一步散失，使水分保存下来；另一方面通过镇压还能加强毛细管作用，把土壤下层水分提升到土表层，增加表层土壤含水量，有利于燕麦种子的萌发及幼苗生长。总之燕麦播后镇压，措施虽然简单，但是可以有效碾碎土块、踏实土壤，增强种子与土壤的接触度，起到既保墒抗旱又保温耐寒的作用，提高出苗率，促进根系的更好生长（图6-22），有利于苗齐、苗全和苗壮。

图6-20　播后镇压　　　　　图6-21　播后耱地

图6-22　燕麦根系

第七章　燕麦田间管理

　　田间管理是燕麦生产中的重要环节，主要包括中耕除草、追肥灌溉和病虫害防控等措施。燕麦在我国虽然栽培历史悠久，但在生产过程进程中，仍存在着不合理施用化肥的现象，过量施用化肥不仅会提高用肥成本，降低肥料利用率，而且导致土壤营养元素比例严重失调，土壤板结，产量潜力下降，燕麦产生生理障碍，生长缓慢，出现倒伏、贪青晚熟的现象，而且产量低、品质差，甚至出现肥害，污染地下水。测土配方施肥技术是世界农业生产中科学施肥的普遍做法。

　　在燕麦生长过程中，杂草是影响其产量和品质的重要因素，若防控不及时，杂草与燕麦争水、肥及光能等，造成巨大的产量减少和品质变劣，一般情况减产10% ～ 50%，严重时甚至绝收。病虫害也是影响燕麦产量和品质的重要因素，饲用燕麦追求的生物产量和饲草的安全性，有害生物的防治指标较高，寻找燕麦田使用的安全、高效、低残留杀虫剂、杀菌剂并结合农业栽培措施的综合防治技术是燕麦生产的迫切要求。

第一节　田间管理原则

一、苗期管理措施

　　这一时期的主要任务就是保全苗、促壮苗。管理措施主要是早锄、浅锄。燕麦苗期生长缓慢，极易被杂草抑制，因此要及早进行杂草防除，若杂草丛生，燕麦生长弱小，根系少，茎叶细弱，就不能有效地抗病、抗倒伏，势必造成减产。

　　高产燕麦苗期的长势。高产燕麦苗期的长势长相应当是：满垄苗全、生长整齐、植株短粗苗壮。单株的长势是：秆圆、叶绿、根深。

二、分蘖抽穗期的田间管理

（一）分蘖抽穗期生长特性

　　分蘖抽穗期的生育特点：分蘖幼穗开始分化，由营养生长（长根和茎）转入生殖生长，也就是营养生长与生殖生长旺盛的并进阶段。这是决定穗粒数的关键时期，也是燕麦一生中生长发育最快，对养分、水分、温度、光照要求最多的时期。如果上述外界条件不能满足燕麦生长发育的要求，幼穗的分化和形成就会受到影响，小穗数少、小花数也少。因此，必须抓紧抓住这个时期，加强田间管理，促进燕麦大穗多粒。

（二）分蘖抽穗期田间管理措施

这个时期的田间管理任务主要是：攻壮株、抽大穗、促进穗分化、保证有效花的形成。主要管理措施是：早追肥、深中耕、细管理、防虫治病。

（三）早追肥

"肥是植物的粮食"。燕麦产量不高，肥料不足是一个重要原因。在施足底肥用好种肥的基础上，还应追肥1～2次，做到分期分层科学施肥，以满足燕麦各个生长阶段对营养的需求。在分蘖、拔节后每亩追施尿素3.0～5.0 kg。若第一次追肥效果不理想，可在抽穗前再追施一次肥料，追肥量不宜太多，每亩2.5 kg即可。追肥原则为前促后控，结合降雨或灌溉追施。冬燕麦多为旱作，可在雨前或雨后施用。宁可肥等雨，不要雨等肥。若有灌溉条件的地方，施肥后应及时灌水。

（四）深中耕

燕麦根系的生长规律是前期深扎，后期浅铺，如果浅铺根扎得太早，盘踞表层，不利于根系深扎，浅铺根容易出现早死，致使叶片早枯，发生秕粒现象。为了解决上述问题，并且避免水分和养分的不必要消耗，应在燕麦拔节前中耕两遍，把燕麦垄间杂草干净彻底除掉。

第二遍中耕最好在分蘖阶段进行，此时正是营养生长和生殖生长及根系伸长的重要时期，所以必须深除。有灌溉条件的地方应追肥与灌溉相结合，先追肥后灌水，等可进行中耕时，再深中耕一次，以破除板结，减少水分蒸发。

（五）细管理

燕麦在这个时期生长快，苗情变化大，如果缺水少肥，就会出现叶片发黄、苗弱等不正常现象。农民将其叫作"三类苗"。三类苗的征象很容易识别，如果叶片细长，颜色黄绿，要进行追肥；如果叶绿披垂，则是水分不足的表现，要进行灌水。为了尽快使三类苗恢复正常，可配合浇水，追速效氮肥，苗色会很快改变。

第二节　追肥灌溉

一、追肥灌溉原则

燕麦生育期短、生长快，所以必须分期追肥，春播燕麦，在分蘖—拔节期和灌浆期进行追肥结合灌水（图 7-1）。夏播燕麦灌水可视土壤墒情和降水而定。灌溉水应符合 GB 5084 的规定。结合分蘖—拔节期灌水，追施尿素（N:46%）8 ～ 10 kg/ 亩；抽穗期燕麦叶片颜色变浅，结合灌水追施尿素 3 ～ 5 kg/ 亩。肥料使用要符合 NY/T 496 的规定。

图 7-1　灌溉

二、施肥量确定

（一）目标产量

在种植区域前三年饲用燕麦平均产量的基础上增加 5% ～ 20% 设为目标产量（表 7-1）。

表 7-1　内蒙古地区饲用燕麦高中低产田产量

类型	前三年干草平均产量 / （kg/ 亩）		目标产量增幅 /%
	旱作	灌溉	
低产田	< 320	< 480	15 ～ 20
中产田	320 ～ 480	480 ～ 720	10 ～ 15
高产田	> 480	> 720	5 ～ 10

（二）饲用燕麦需肥量

（1）播种前施用适量（1500 kg/ 亩）有机肥作为底肥后，根据土壤养分测定状况，计算增加氮、磷、钾肥的施用量。

（2）根据刈割期 100 kg 饲用燕麦全株养分含量，计算出达到目标产量所需的养分数量（即饲用燕麦需肥量）。

（3）形成 100 kg 饲用燕麦干草需要的养分含量（参考值）：纯氮 1.42 kg、五氧化二磷 1.01 kg、氧化钾 3.71 kg。

（三）目标产量需肥量

目标产量总需肥量（M）计算公式如下：

$$M = \frac{U}{100} \times Y$$

式中：

M——目标产量总需肥量（kg/ 亩）；

U——每形成 100 kg 干草产量所需养分数量（kg）；

Y——目标产量（kg/ 亩）。

（四）土壤供肥量

土壤供肥量（S）计算公式如下：

$$S = \frac{U}{100} \times Q$$

式中：

S——土壤供肥量（kg/ 亩）；

Q——不施肥区饲用燕麦产量（kg/ 亩）。

（五）肥料利用率

肥料利用率（R）采用如下公式计算：

$$R = \frac{N_1 - N_0}{D \times X}$$

式中：

N_1——施肥区养分吸收量（kg/ 亩）；

N_0——缺素区养分吸收量（kg/ 亩）；

D——肥料施用量（kg/ 亩）。

X——肥料中该养分含量（%）。

（六）施肥量

根据饲用燕麦目标产量需肥量与土壤供肥量之差即可获得施肥量，施肥量（Y）计算公式如下：

$$Y = \frac{M - S}{X \times R}$$

式中：

Y——施肥量（kg/ 亩）；

M——目标产量总需肥量（kg/ 亩）；

S——土壤供肥量（kg/ 亩）；

X——肥料中该养分含量（%）；

R——肥料当季利用率（%）。

（七）配方肥料用量设计

确定达到目标产量所需的氮、磷、钾用量后，根据土壤养分丰缺状况及肥料利用率，选择合适的肥料进行配比施用。

三、施肥

（一）施肥时期

（1）基肥：播种前施用。

（2）种肥：播种时施用。

（3）追肥：追肥原则为前促后控，第一次追肥于分蘖—拔节期进行；第二次追肥在抽穗期前（燕麦叶片颜色变浅）进行。

（二）肥料分配

饲用燕麦不同生育期施用氮磷钾肥比例见表 7-2。

表 7-2 饲用燕麦不同生育期肥料分配比例

施肥时期	氮肥（纯氮）	磷肥（P_2O_5）	钾肥（K_2O）
种肥	30%	100%	100%
分蘖—拔节期追肥	55%	0	0
抽穗期前追肥	15%	0	0

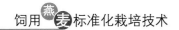

四、基于饲用燕麦目标产量的氮肥推荐施用量

基于饲用燕麦目标产量的氮肥推荐施用量如表 7-3 所示。

表 7-3　基于饲用燕麦目标产量的氮肥推荐施用量

目标产量/（kg/亩，干草）	氮肥当季利用率	目标产量较基础产量增产比例 /%					
		15 ~ 20		10 ~ 15		5 ~ 10	
		基础产量/（kg/亩，干草）	达到目标产量推荐施氮量/（N，kg/亩）	基础产量/（kg/亩，干草）	达到目标产量推荐施氮量/（N，kg/亩）	基础产量/（kg/亩，干草）	达到目标产量推荐施氮量/（N，kg/亩）
300	0.50	250 ~ 261	1.11 ~ 1.42	261 ~ 273	0.77 ~ 1.11	273 ~ 286	0.40 ~ 0.77
	0.45		1.23 ~ 1.58		0.85 ~ 1.23		0.44 ~ 0.85
	0.40		1.38 ~ 1.78		0.96 ~ 1.38		0.50 ~ 0.96
	0.35		1.58 ~ 2.03		1.10 ~ 1.58		0.57 ~ 1.10
	0.30		1.85 ~ 2.37		1.28 ~ 1.85		0.66 ~ 1.28
	0.25		2.22 ~ 2.84		1.53 ~ 2.22		0.80 ~ 1.53
400	0.50	333 ~ 348	1.48 ~ 1.90	348 ~ 364	1.02 ~ 1.48	364 ~ 381	0.54 ~ 1.02
	0.45		1.64 ~ 2.11		1.14 ~ 1.64		0.60 ~ 1.14
	0.40		1.85 ~ 2.38		1.28 ~ 1.85		0.67 ~ 1.28
	0.35		2.11 ~ 2.72		1.46 ~ 2.11		0.77 ~ 1.46
	0.30		2.46 ~ 3.17		1.70 ~ 2.46		0.90 ~ 1.70
	0.25		2.95 ~ 3.81		2.04 ~ 2.95		1.08 ~ 2.04
500	0.50	417 ~ 435	1.85 ~ 2.36	435 ~ 455	1.28 ~ 1.85	455 ~ 476	0.68 ~ 1.28
	0.45		2.05 ~ 2.62		1.42 ~ 2.05		0.76 ~ 1.42
	0.40		2.31 ~ 2.95		1.60 ~ 2.31		0.85 ~ 1.60
	0.35		2.64 ~ 3.37		1.83 ~ 2.64		0.97 ~ 1.83
	0.30		3.08 ~ 3.93		2.13 ~ 3.08		1.14 ~ 2.13
	0.25		3.69 ~ 4.71		2.56 ~ 3.69		1.36 ~ 2.56
600	0.50	500 ~ 522	2.22 ~ 2.84	522 ~ 545	1.56 ~ 2.22	545 ~ 571	0.82 ~ 1.56
	0.45		2.46 ~ 3.16		1.74 ~ 2.46		0.92 ~ 1.74
	0.40		2.77 ~ 3.55		1.95 ~ 2.77		1.03 ~ 1.95
	0.35		3.16 ~ 4.06		2.23 ~ 3.16		1.18 ~ 2.23
	0.30		3.69 ~ 4.73		2.60 ~ 3.69		1.37 ~ 2.60
	0.25		4.43 ~ 5.68		3.12 ~ 4.43		1.65 ~ 3.12

续表

目标产量 /（kg/亩，干草）	氮肥当季利用率	目标产量较基础产量增产比例 /%					
		15～20		10～15		5～10	
		基础产量 /（kg/亩，干草）	达到目标产量推荐施氮量 /（N, kg/亩）	基础产量 /（kg/亩，干草）	达到目标产量推荐施氮量 /（N, kg/亩）	基础产量 /（kg/亩，干草）	达到目标产量推荐施氮量 /（N, kg/亩）
700	0.50	583～609	2.58～3.32	609～636	1.82～2.58	636～667	0.94～1.82
	0.45		2.87～3.69		2.02～2.87		1.04～2.02
	0.40		3.23～4.15		2.27～3.23		1.17～2.27
	0.35		3.69～4.75		2.60～3.69		1.34～2.60
	0.30		4.31～5.54		3.03～4.31		1.56～3.03
	0.25		5.17～6.65		3.64～5.17		1.87～3.64
800	0.50	667～696	2.95～3.78	696～727	2.07～2.95	727～762	1.08～2.07
	0.45		3.28～4.20		2.3～3.28		1.20～2.30
	0.40		3.69～4.72		2.59～3.69		1.35～2.59
	0.35		4.22～5.40		2.96～4.22		1.54～2.96
	0.30		4.92～6.30		3.46～4.92		1.80～3.46
	0.25		5.91～7.55		4.15～5.91		2.16～4.15
900	0.50	750～783	3.32～4.26	783～818	2.33～3.32	818～857	1.22～2.33
	0.45		3.69～4.73		2.59～3.69		1.36～2.59
	0.40		4.15～5.33		2.91～4.15		1.53～2.91
	0.35		4.75～6.09		3.33～4.75		1.74～3.33
	0.30		5.54～7.10		3.88～5.54		2.04～3.88
	0.25		6.65～8.52		4.66～6.65		2.44～4.66

五、"三防"（防涝、防倒伏、防贪青）

防涝：燕麦开花以后，营养体生长基本停止，根系生活力逐渐减弱，这时不仅怕干热风危害，而且还怕雨涝。若遇到雨涝要及时将地里积水排出。

防倒伏：在燕麦灌浆后到成熟期，由于燕麦穗头重量增加，当遇到刮风下雨时往往会造成燕麦倒伏（图 7-2）。通过选择抗倒伏品种、合理密植、控制水肥、防风防涝等措施，可达到防倒伏的目的。

防贪青：由于燕麦生长后期水肥不当，往往会造成燕麦贪青徒长（图 7-3），严重时会引发燕麦倒伏。因此后期要严格控制水肥，大面积追肥应在抽穗前基本结束。三类苗追肥也不宜过重。灌浆后期，切勿大量灌水。

图 7-2 倒伏的燕麦

图 7-3 贪青徒长的燕麦

第三节 杂草防除

一、饲用燕麦田主要杂草

（一）单子叶杂草

内蒙古地区饲用燕麦田单子叶杂草主要种类包括：狗尾草、野稷、稗草、马唐等（表 7-4）。

（二）双子叶杂草

内蒙古地区饲用燕麦田双子叶杂草主要种类包括：灰绿藜、反枝苋、刺儿菜、田旋花、打碗花、猪毛菜、苍耳、黄花蒿、苣荬菜、车前、二裂叶委陵菜、萹蓄、蒺藜等（表 7-4）。

表 7-4 内蒙古地区饲用燕麦田主要杂草种类

类别	种名	生长年限	为害程度
单子叶杂草	狗尾草 *Setaria viridis* (L.) Beauv.	一年生	+++
	野稷 *Panicum miliaceum* L.var. *ruderale* Kit.	一年生	++
	稗草 *Echinochloa crus-galli* (L.) P. Beauv.	一年生	+
	马唐 *Digitaria sanguinalis* (L.) Scop.	一年生	++
双子叶杂草	灰绿藜 *Chenopodium album* L.	一年生	++++
	反枝苋 *Amaranthus retroflexus* L.	一年生	+++
	刺儿菜 *Cirsium setosum* (Willd.) MB.	一年生	+++
	田旋花 *Convolvulus arvensis* L.	多年生	++
	打碗花 *Calystegia hederacea* Wall.	多年生	++
	猪毛菜 *Salsola collina* Pall.	一年生	+
	苍耳 *Xanthium strumarium* L.	一年生	++
	黄花蒿 *Artemisia annua* L.	多年生	+++
	苣荬菜 *Sonchus wightianus* DC.	多年生	++
	车前 *Plantago asiatica* L.	多年生	++
	二裂叶委陵菜 *Potentilla bifurca* L.	多年生	+
	萹蓄 *Polygonum aviculare* L.	一年生	+
	蒺藜 *Tribulus terester* L.	一年生	+

注："+"零星发生；"++"轻度发生；"+++"中度发生；"++++"严重发生。

二、杂草防除技术

（一）农业防除

1. 精选种子

选用优质、纯度高、无杂质混杂的燕麦种子。

2. 适度深翻

播前耙耱，深翻土壤 25 ～ 30 cm，将杂草种子埋入深土层以抑制杂草出苗生长，针对出苗杂草进行浅旋耕处理。选择前茬作物为非禾本科作物的田块播种，前茬作物收获后及时清理田块。

3. 腐熟农家肥

施用充分腐熟的农家肥，使杂草种子经过高温氨化处理丧失活力。

4. 合理密植

选择燕麦种子最大适宜播种量，提高地面覆盖度，减轻杂草危害。行距控制在 15 ～ 20 cm，用种量 12 ～ 15 kg/ 亩。

5. 田间管理

及时中耕除草。

（二）化学防除

1. 播前除草

播前已有大量杂草的田块，可在播种前 10 ～ 15 d 进行杂草防除，宜使用药剂及有效成分用药量：200 mL/L 草铵膦可溶液剂 60 ～ 120 mL/ 亩或者 410 g/L 草甘膦异丙胺盐水剂 80 ～ 100 mL/ 亩。

2. 播后苗前除草

播后苗前进行土壤封闭处理，选用 450 g/L 二甲戊灵微胶囊剂 150 ～ 180 mL/ 亩，可以防除双子叶杂草和大部分单子叶杂草。沙土地用药量可适当降低，用药量 150 mL/ 亩，有机质含量较高的土壤可适当增加用药量，用药量 200 mL/ 亩。

3. 生长期除草

燕麦生长前期如发现双子叶杂草，可以喷施一次 400 g/L 二甲溴苯腈乳油，用药量 80 ～ 100 mL/ 亩。

第四节　主要病虫害及其防治

一、防治对象

（一）主要害虫

燕麦虫害防治对象主要包括地下害虫和蚜虫。

（二）主要病害

燕麦病害防治对象主要有燕麦黑穗病、燕麦锈病和红叶病。

二、防治原则

饲用燕麦主要病虫害防治应按照"预防为主，综合防控"的植保方针，以监测预警为前提，优先采用农业防治、物理防治和生物防治方法，科学合理使用化学防治，农药使用按照 GB/T 8321 和 NY/T 1276 执行。

三、防治技术

（一）农业防治

1. 选择抗性品种

选择优质高产，抗病、虫性强的品种，种子质量符合 GB 4404.4。

2. 清除病残体

播种前或收获后，清除田间及周边杂草，深翻地灭茬、晒土，减少病源和虫源。

3. 合理轮作倒茬

与非寄主作物合理轮作倒茬。

4. 合理密植

合理密植，增加田间通风透光度。

5. 科学肥水管理

提倡施用充分腐熟的农家肥，合理增施磷钾肥；选用排灌方便的田块，控制田间湿度。

（二）虫害物理防治

1. 糖醋液诱杀

取 50° 以上白酒 125 mL、水 250 mL、红糖 375 g、食醋 500 mL、90% 晶体敌百

虫 3 g 混合在一起，加入少量杀虫剂制成糖醋诱杀液，将诱杀液放入盆内，盆高出作物 30 ～ 35 cm，诱杀液深 3 ～ 4 cm，2 ～ 3 盆 / 亩。

2. 杀虫灯

在成虫交配产卵发生期，于田间安置频振式杀虫灯，每亩安装 2 ～ 4 个杀虫灯，灯间距 200 m 左右，每日傍晚到翌日清晨，诱杀地老虎、黏虫等趋光性害虫。

（三）化学防治

选用高效、低毒、低残留化学农药。

1. 地下害虫害

（1）虫药剂拌种：70% 噻虫嗪种子处理可分散粉剂按药种比 0.2% ～ 0.3% 或 11% 咯菌腈·噻虫嗪·噻呋种子处理悬浮剂种衣剂按药种比 0.8% ～ 1% 进行种子处理。

（2）撒施毒土：25% 吡虫·毒死蜱微囊悬浮剂 540 ～ 600 mL/ 亩药土法施入，兑少量水稀释后与 50 kg 细砂土混合制成毒土，播种时沟施在垄沟内。

2. 蚜虫

50% 氟啶虫胺腈水分散粒剂 1 ～ 1.5 g/ 亩或 10% 吡虫啉可湿性粉剂 1000 倍液、4.5% 高效氯氰菊酯乳油 1500 倍液，喷施 1 ～ 2 次，每隔 7 ～ 10 d 喷施 1 次。0.3% 印楝素乳油 180 ～ 250 mL/ 亩喷雾防治蚜虫。

3. 病害

（1）黑穗病类：4.23% 甲霜·种菌唑微乳剂按药种比 0.1% ～ 0.2% 进行种子处理或 6% 戊唑醇悬浮种衣剂按药种比 0.2% 进行种子处理防治黑穗病类。

（2）锈病类：发病初期喷施 18.7% 丙环唑·嘧菌酯乳油 35 ～ 70 mL/ 亩、22% 嘧菌·戊唑醇乳油 40 ～ 60 mL/ 亩、30% 肟菌·戊唑醇乳油 40 ～ 50 mL/ 亩、19% 啶氧·丙环唑悬浮剂 5370 mL/ 亩，喷施 1 ～ 2 次，每隔 7 ～ 10 d 喷施 1 次。

（3）红叶病：燕麦饲草红叶病防治按照 DB15/T 1402 执行。

（四）生物防治

利用各种有益的生物或生物产生的活性物质及分泌物，来控制病、虫草群体的增殖，以达到压低甚至消灭病虫草害的目的，如选用木霉菌、芽孢杆菌类等成熟的生物菌剂进行病虫害防治。

四、饲用燕麦主要病害病原、症状识别及发生特点

饲用燕麦主要病害病原、症状识别及发生特点见表 7–5。

表 7-5 饲用燕麦主要病害病原、症状识别及发生特点

病害名称		病原	症状识别	发生特点
饲草燕麦黑穗病类	坚黑穗病	病原菌为坚黑粉菌（*Ustilago segetum*(Bull.) Pers.），属担子菌亚门，冬孢菌纲，黑粉菌目，黑粉菌属	主要发生在抽穗期。病、健株抽出时间趋于一致。染病种子的胚和颖片被毁坏，其内充满黑褐色粉末状厚垣孢子，其外具坚实不易破损的污黑色膜。厚垣孢子黏结较结实不易分散，收获时仍呈坚硬块状，故称坚黑穗病。有些品种颖片不受害，厚垣孢子团隐蔽在颖内难于看见	厚垣孢子萌发温度范围为 4～34 ℃，适温为 15～28 ℃。温度高、湿度大利于发病。高温、高湿、多雨易发病。地势低洼排水不良、连作地、管理不到位等均易发病
	散黑穗病	病原菌为散黑粉菌（*Ustilago avenae* (Pers) Rostr.），属担子菌亚门，冬孢菌纲，黑粉菌目，黑粉菌属	大部分整穗发病，个别中、下部穗粒发病。病株矮小，仅是健株株高的 1/3～1/2，并且使抽穗期提前。病状始见于花器，染病后子房膨大，致病穗的种子充满黑粉，外被一层灰膜包住，后期灰色膜破裂，散出黑褐色的厚垣孢子粉末，最后仅剩下穗轴	病原菌在种子内越冬。发育温度范围为 4～34 ℃，适温为 18～26 ℃。生产上播种期降雨少，土壤含水量低于 30%，播种过深，幼苗出苗慢，生长缓慢，使病原菌侵入期拉长，当年易发病
饲草燕麦锈病类	冠锈病	病原菌为禾冠柄锈菌燕麦专化型（*Puccinia coronata* f. sp. avenae），属担子菌亚门，冬孢菌纲，锈菌目，柄锈菌科，柄锈菌属	发生在叶片、叶鞘和穗上，染病初期叶片表面褪绿病斑，产生橘黄色夏孢子堆，呈椭圆形。发病后期当生长条件变差时夏孢子堆则转变成扁平，衰老叶片背面出现灰黑色呈短线状的冬孢子堆	病原菌以夏孢子在病残组织上越冬。冬孢子不易萌发，在侵染循环中作用不大。各种逆境条件有利于此病发生
	秆锈病	病原为禾柄锈菌燕麦变种（*Puccinia graminis* f. sp. avenae），属于担子菌亚门，冬孢菌纲，锈菌目，柄锈菌属	主要发生在茎和叶鞘上，但叶片和穗也有发生。在侵染点部位产生褐黄色或褐红色的椭圆形至狭长的夏孢子堆，发病后期出现黑褐色、近黑色，粉末状冬孢子堆	病原菌发育适温为 19～25 ℃。温度高、湿度大利于发病。降雨结露频繁时或灌溉草地上常发生较重

第八章 饲用燕麦收割与加工技术

燕麦是优质饲草，全世界74%的燕麦是用来饲喂家畜的，燕麦籽粒可以作家畜精饲料，燕麦青、干草是重要的粗饲料。燕麦的茎叶可以制成干草捆、草粉或青贮，营养价值高，干物质消化率在75%以上，同时燕麦饲草能值高于小麦秸、稻草和羊草，粗蛋白质含量高于羊草、全株玉米秸、小麦秸和稻草，粗纤维含量低于小麦秸、稻草和羊草，钙磷平衡［钙∶磷=（1.5～2）∶1］。研究表明，燕麦草可溶性碳水化合物和糖丰富，适口性好、可加工性强，促进犊牛胃中纤维降解菌生长，刺激瘤胃产生丁酸、异丁酸、戊酸以及小肽和氨基酸。在欧盟，每年有650万～700万t的燕麦被用作动物饲料，占总消费量的70%，但添加到配合饲料中的燕麦很少，因为燕麦的价格和成本偏高；在美国收获的燕麦几乎都用作饲料，包括最好的赛马饲料；澳大利亚燕麦主要用于奶牛场，出口亚洲；在我国燕麦也被作为优质饲草和优质饲料喂养猪和家禽、牛等。

第一节 影响燕麦饲草的因素

一、利用目的

燕麦既可以作饲草也可以作饲料。因此，燕麦视利用目的不同其刈割期也有所差异。如果以收草为目的，应该提早刈割，则茎叶营养丰富；如果计划草与籽实兼用，则应在种子成熟的一周前刈割，此时茎叶不是十分粗老，营养成分含量还较高，籽实虽未完全成熟，但收割后籽实靠后熟作用仍可成熟。打算作青贮的燕麦，其刈割时期可晚些，以茎叶含水量在60%～68%为好。如果计划调制干草，可根据当地气候及饲喂家畜种类而有差异。一般在燕麦的乳熟期至蜡熟初期收割（图8-1A）。饲喂高产奶牛，在孕穗后期至抽穗期进行收获：饲喂普通产奶牛，在抽穗期至开花期进行收获；饲喂干奶牛、育肥肉牛或肉羊，在乳熟后期至蜡熟初期进行收获（图8-2B）；饲喂马以乳熟期后期（蜡熟期）刈割为好。

春播燕麦，可以收获青干草，也可以收获鲜草打青贮包。夏播燕麦，收获后要尽快运出，便于及时整地，为第二年播种做准备，夏播季收获青干草。内蒙古复种燕麦一般在10月中下旬收割，晾晒干草有一定困难，以作青贮为好。

图 8-1A　乳熟期燕麦

图 8-1B　乳熟后期至蜡熟初期

由于燕麦种植模式的不同，刈割时间也与常规燕麦（一年一季燕麦）不同。春闲田燕麦受后茬作物（如向日葵）播种时间的制约，不能按燕麦生育期刈割，只能在 6 月上旬刈割，秋闲田燕麦受生长时间的影响，到 10 月中下旬燕麦停止生长后即可刈割，此时燕麦晾晒干草有一定困难，可制作青贮。

另外，孕穗后期至乳熟期燕麦茎叶含水量较高，晒制干草时间长，易遭雨淋，所以应因时因地，灵活掌握燕麦刈割的时间。

二、收获时期

根据饲喂对象确定收获时期。一般在燕麦的乳熟期至蜡熟初期收割。饲喂高产奶牛，在孕穗期至抽穗期进行收获；饲喂普通产奶牛，在抽穗期至开花期进行收获；饲喂干奶牛、育肥肉牛或肉羊，在乳熟后期至蜡熟初期进行收获（图 8-2）。

图 8-2　不同生育时期的燕麦

（一）收割期对燕麦饲草产量的影响

产草量是衡量草地生产力水平的重要指标。随着刈割时期的推迟，燕麦的鲜草产量先增加，灌浆期达到最高，为4638.99 kg/亩（表8-1）之后又下降。不同刈割期的鲜草产量差异显著，灌浆期显著高于拔节期、抽穗期和乳熟期，抽穗期和乳熟期鲜草产量差异不显著（$P > 0.05$）。燕麦的干草产量随着刈割时期推迟持续增加，乳熟期干草产量最大，为1004.40 kg/亩，乳熟期与灌浆期干草产量差异不显著（$P > 0.05$），乳熟期干草产量显著（$P < 0.05$）高于拔节期、抽穗期。

表8-1　不同刈割期产草量

刈割期	株高/cm	鲜干比	鲜草产量/（kg/亩）	干草产量/（kg/亩）
拔节	85.17c	7.41a	29 619.80c	356.12c
抽穗	97.67b	5.54b	2934.80b	529.45b
灌浆	102.03b	4.68c	4638.99a	992.52a
乳熟	125.5a	3.28d	3168.25b	1004.40a

注：同列中不同字母表示差异显著，$P < 0.05$，同列中相同字母表示差异不显著，$P > 0.05$。下同。

（二）收割期对燕麦营养品质的影响

拔节期到乳熟期干物质含量为12.59%～28.85%（表8-2），表现为随着刈割时间的推迟，干物质含量逐渐上升，不同刈割期的干物质含量差异显著（$P < 0.05$），乳熟期的干物质含量最高，为28.85%，显著高于其他各期。不同刈割时期粗蛋白质含量为6.12%～18.78%，拔节期的粗蛋白质含量为18.78%，显著高于抽穗期、灌浆期和乳熟期，抽穗期粗蛋白质含量显著高于灌浆期和乳熟期，乳熟期与灌浆期的粗蛋白质含量差异不显著（$P > 0.05$），表现为随着刈割期的推迟粗蛋白质含量逐渐下降。不同刈割时期的可溶性糖含量为4.95%～6.91%，不同刈割期的可溶性糖含量差异显著（$P < 0.05$），灌浆期的可溶性糖含量最高，为6.91%，与拔节期、抽穗期差异不显著（$P > 0.05$），与乳熟期差异显著（$P < 0.05$）。不同刈割时期的中性洗涤纤维含量为51.81%～61.77%，不同刈割期的中性洗涤纤维含量差异显著，抽穗期与灌浆期、乳熟期的中性洗涤纤维含量差异不显著（$P < 0.05$），乳熟期与拔节期差异不显著（$P > 0.05$）。不同刈割期的酸性洗涤纤维为28.66%～36.48%，拔节期与抽穗期、乳熟期间的差异不显著（$P > 0.05$），拔节期与灌浆期差异显著（$P < 0.05$）。不同刈割期的中性洗涤纤维、酸性洗涤纤维都表现出随着刈割时期的推迟，呈现先升后降的趋势，到灌浆期达到高峰，随后到乳熟期下降。不同刈割时期的RFV值（相对饲用价值）为92.51～118.46，不同刈割期的RFV值差异显著（$P < 0.05$），拔节期的RFV值最大，为118.46，拔节期与抽穗期、乳熟期的RFV值差异不显著（$P > 0.05$），显著（$P < 0.05$）高于灌浆期。抽穗

期、灌浆期、乳熟期间的 RFV 值差异不显著（$P > 0.05$），表现为随着生育期的推进，RFV 值逐渐变小，到灌浆期达到最小，为 92.51，到了乳熟期又上升到 108.63。

表 8-2　不同刈割期燕麦营养成分

物候期	干物质 /%DM	粗蛋白质 /%DM	可溶性糖 /%DM	中性洗涤纤维 /%DM	酸性洗涤纤维 /%DM	RFV
拔节期	12.59d	18.78a	5.14ab	51.81b	30.24bc	118.46a
抽穗期	17.44c	12.37b	4.95ab	59.78a	35.04ab	96.15ab
灌浆期	20.18b	8.52c	6.91a	61.77a	36.48a	92.51b
乳熟期	28.85a	6.12c	4.54b	57.31ab	28.66c	108.63ab

三、倒伏

在饲用燕麦刈割中常常会遇到其倒伏的现象（图 8-3）。引起燕麦倒伏的原因有许多，但总体来说不外乎与品种、栽培措施和环境息息相关。饲用燕麦以收地上部营养体为主，其产草量、营养价值及经济性能均体现在燕麦的茎叶、花、果实上，因此，在品种培育中更多的是考虑茎叶繁茂、植株高度，以求更高的产草量，而植株高度高势必降低了燕麦的抗倒伏性。所以，目前还没有特别抗倒伏的燕麦品种。

图 8-3　倒伏的燕麦

在栽培措施方面，为了追求更高的燕麦草产量，有时候播种者会擅自增加播种量，以增加燕麦群体密度来提高燕麦草产量，但是由于密度增加，使得燕麦茎秆变细，降低了燕麦的抗倒伏性；其次是由于水肥过大，引发燕麦贪青徒长，燕麦茎秆的硬度变差，遇到风雨极易倒伏（图 8-4）。

在环境方面，在燕麦生长后，特别是燕麦抽穗，特别是在灌浆—乳熟或蜡熟—晚熟期，也是北方进入雨季的时候，由于燕麦上部及穗部重量增加，一旦遭遇风雨天或雨雪，极易引发燕麦倒伏，这是导致北方燕麦倒伏的主要原因（图 8-5）。

图 8-4　贪青徒长燕麦倒伏

图 8-5　风雨后倒伏燕麦（上）雪后倒伏燕麦（下）

　　燕麦倒伏危害极大，一是造成燕麦草损失，倒伏的燕麦草给机械刈割带来不便，不是留茬太高就是割不住，致使燕麦产量减少；二是引起燕麦草发霉变质，倒伏的燕麦草由于地面潮湿，极易引起燕麦茎叶发霉，轻者燕麦草霉变，重者叶片腐烂。

四、留茬过高

　　燕麦刈割时留茬过高（图 8-6），主要原因有：一是由于燕麦倒伏，造成割草机刈割困难；二是由于地面高低不平或有石头等杂物，影响割台保持均一水平，所以造成割茬高低不一，引起减产。

图 8-6　燕麦留茬过高

五、刈割过早或过晚

决定燕麦草刈割时期就是燕麦草产量与质量的平衡过程，倘若过早刈割，如灌浆期（图 8-7A）虽然可以获得较好质量的燕麦草，但一方面产量损失过大，另一方面是水分含量太高，晾晒干草的时间太长，也就是说，割倒的燕麦在地里待的时间太长，有遭到雨淋的风险，导致燕麦草变质；倘若刈割过晚（蜡熟期，图 8-7B），虽然可获得较高的产量，但品质变劣，品相变差，影响售价。

图 8-7A　灌浆期燕麦　　　　　　图 8-7B　蜡熟期燕麦

第二节　饲用燕麦干草捆加工技术

一、收获时期

饲用燕麦生长至乳熟期时开始进行收割。在收割前应时刻关注气象预测，5 ～ 7 d 内无降雨。

二、收获方式

（一）收获机械

采用专用牧草压扁割草机进行收获，压扁辊为"人"字形橡胶或钢制。

（二）压扁方式

通过调试割草机压扁轮来压扁饲用燕麦草茎节，做到折而不断，破而不碎。

（三）留茬高度

视地面平整度而定，一般留茬高度为 5 ～ 8 cm 或 10 cm。

三、干燥

（一）翻晒

刈割后就地晾晒，当饲用燕麦水分降至50%时（空气湿度较大的夜间或清晨进行，防止叶片脱落），利用翻晒机翻晒1～2次，使饲用燕麦充分暴露在干燥的空气中，以加快干燥速度。

（二）水分测定

采用水分测定仪进行燕麦草水分的测定。

（三）干燥方法

待饲用燕麦晾晒后水分降至35%～40%时，用搂草机合垄，晾晒至安全水分时进行打捆（打捆方式不同，水分要求也不同），然后入库堆垛贮藏。

四、打捆

（一）作业条件

具体打捆作业质量要求如下：

（1）草条的长度应大于捆一捆草的草条长度。

（2）饲草割后株长、草条宽度、厚度应满足圆草捆打捆机使用说明书的要求。

（3）打捆作业时风力应小于4级。

（4）饲草含水率为15%～20%。

（二）大方捆

规格：180 cm×120 cm×90 cm，含水量≤14%，重量450 kg/捆。

（三）小方捆

规格：90 cm×36 cm×46 cm，含水量≤18%，重量35 kg/捆（图8-8）。

图8-8　小方捆

（四）圆捆

规格：120 cm×140 cm，含水量 ≤ 20%，重量 250 kg/ 捆。

五、拉运

为方便运输，草捆堆放地点应选择距离公路较近、交通相对便利、场地开阔的地方，以便于拉运车辆装卸运输，拉运车载重量为 10 ～ 12 t，拉运车载重量不宜太重，避免破坏土地，使用拉运车将草捆运到库房进行码垛贮藏（图 8-9）。

图 8-9 拉运

六、码垛贮藏

（一）搭建垛基

贮存地应该地势高、干燥、平坦、通风，土质坚实。垛基长、宽应根据实际需求而定，底层垫高 30 ～ 40 cm，上层选用直径为 10 ～ 15 cm 的圆木杆纵横排放（纵下横上），纵向排放 3 根圆木杆，间隔 150 cm，两端各余 50 cm，横向每隔 55 cm 排放 1 根圆木杆，交叉处用铁丝固定。

（二）码垛

码垛时，应"品"字形排列，各层间互相交错压茬，垛与垛间依风向每隔 3、5 排留 20 ～ 30 cm 的空隙，以利通风（图 8-10）。露天堆垛，垛顶要码成屋脊形，并加盖苫布或厚塑料布（> 0.4 mm）。贮藏在草棚的草垛高度宜根据草棚的高度而定，草捆垛顶高度应距离草棚边沿 30 ～ 40 cm。

图 8-10 燕麦草捆"品"字形垛

七、草捆防霉

草捆防霉措施包括调制过程中的措施和贮藏过程中的措施。调制过程中一般采用草捆表面喷施丙酸盐形成保护层，减少霉菌的侵染。贮藏过程中的防霉措施包括：①对草库进行清洁消毒，减少库房污染；②增加垫层，防止草捆吸潮霉变；③监测草捆含水量和库房湿度变化，及时采取对应的预措。

第三节　饲用燕麦青贮技术

一、贮前准备

根据饲用燕麦收获量和饲养家畜规模确定青贮窖容量及设计建造（选择）青贮窖规格，青贮窖以地上式青贮窖为好。青贮窖建设符合 NY/T 2698 的规定。

青贮前，清理青贮设施内的杂物并消毒，检查青贮窖的质量，如有损坏及时修复。检修青贮机械，并足额配备易损件。准备青贮所需添加剂、镇压物、青贮阻氧膜等材料。

二、原料收获

原料的适宜收获期为乳熟末期—蜡熟初期，留茬高度为 5 ～ 8 cm，刈割应根据燕麦饲草产量调节压扁强度，保证燕麦茎秆和茎节能够被压裂。

三、水分要求

刈割后晾晒含水量至 65%～ 70%。

四、捡拾切碎

饲用燕麦青贮原料切碎长度以 2 ～ 3 cm 为宜。宜采用捡拾切碎机开展捡拾、切碎作业。尽量避免捡拾、运输过程中混入泥土、杂物等。保证青贮原料的品质符合 GB 13078《饲料卫生标准》要求。

五、添加剂的使用

添加剂的使用符合 GB/T 22142、GB/T 22143、NY/T 1444 的规定。添加剂量和稀释倍数根据添加剂的使用说明进行操作。乳酸菌菌剂添加量为 $1×10^9$ CFU/kg，复合化学添加剂添加量为 6 mL/kg。

六、窖贮

（一）装填

原料装填时，应迅速、均一，青贮原料由内到外呈楔形分层装填，每层装填厚度不超过 20 cm。

（二）压实

装填与压实作业交替进行，压实密度控制在 650 kg/m³ 以上。

（三）密封

装填压实作业完成之后，立即密封。从原料装填至密封不应超过 3 d；青贮窖规模较大，需采用分段密封的作业措施，每段密封时间不超过 3 d。采用青贮阻氧膜覆盖，阻氧膜外面放置重物镇压，注意边角密封性。

（四）贮后管理

应经常检查青贮设施密封性，注意防止家畜、鼠、虫和鸟类等危害，阻氧膜如有破损及时补漏。

（五）开窖取用

青贮 60 d 后开窖取用（图 8-11）。开窖前应清除封窖时的覆盖物，以防其与青贮燕麦混杂。从青贮窖一端启封，从外至内分段取料，切勿全部打开，严禁掏洞取料。青贮燕麦取出后应及时密封窖口，并清理窖周围的废料。

图 8-11 开窖后青贮饲料

第九章　饲用燕麦草产品储运与追溯

在我国畜牧业快速发展的今天，特别是奶业的高质量发展对包括燕麦在内的优质饲草需求量越来越大，质量要求也越来越高。燕麦在我国主要分布在东北、华北和西北等高寒地区，对寒冷地区有着特殊的适应能力，具有易种植栽培、抗逆性强、产量高、品质优等优点。因此，我国异地购买燕麦草产品已是常态，规范燕麦草产品储运及产品追溯就显得尤为重要。

第一节　规范燕麦草产品储运与追溯的意义

一、规范燕麦草产品储运的意义

在燕麦草产业发展过程中，储藏和运输发挥着非常重要的作用，储藏不但能够解决饲用燕麦种植的季节性和市场需求的长期性之间的矛盾，有效的储藏手段还可以起到降低损耗、减少损失的作用；运输作为联结生产、分配、流通、消费各个环节的桥梁，是沟通国与国间、地区间、城乡间的纽带，保障饲用燕麦草产品有效流通是"加快发展草牧业"事业中关键的一项工作，在当前"奶业振兴""牧草产业发展"等大背景下，在饲用燕麦草种植面积逐年增加的现实面前，饲用燕麦草产品的储藏和运输也越来越受到业内人士的重视，越来越发挥着重要的作用。

二、规范燕麦草产品追溯的意义

饲用燕麦草被世界各国公认为是反刍动物的顶级饲草，也是世界第七大栽培作物，既可做青干草，又可青贮。目前我国饲用燕麦草产业全产业链高质量标准体系尚未建立，很难用于指导饲用燕麦草产业化发展。在饲用燕麦草播种、田间管理、收获、加工、储藏等关键环节缺少相关标准。加快建立饲用燕麦草产业全产业链高质量标准体系，对指导饲用燕麦草产业全产业链生产具有重要意义。

第二节　饲用燕麦草产品储运

一、仓储库的要求

仓储区应远离高压输电线路，建在地势高、阴凉、干燥、通风的地方，仓库四周宜排水畅通，有防止外围的水流入或渗入仓储区的措施。

仓储区与生产区、生活区分开，仓库周边应清洁卫生，无异味臭味，无有毒有害污染源。

仓库应做好防火设计，有明显的防火警示标识；应配备必要的消防设施和设备，放置在标识明显、便于取用的地点，应由专人保管和维护。

二、出入库管理

饲用燕麦草产品入库时应严格检查有无霉变、有害杂质、虫害、污染，水分含量 ≤ 12%。

堆码宜安全、平稳、方便、节约，每垛占地面积 ≤ 100 m^2，垛与垛间距 ≥ 1 m，垛与墙间距 ≥ 0.5 m，垛与梁、柱的间距 ≥ 0.3 m，主要通道的宽度 ≥ 2 m；垛位码放不直接接触地面，选用防滑、耐磨且不易吸水的材料进行衬垫，码垛时错位码放，上层逐层收拢。

饲用燕麦草产品出入库应做好记录。

三、仓储管理

应建立饲用燕麦草产品仓储信息管理系统。并定期进行库检，检查垛位有无发热现象，检测仓库内的温度、相对湿度、通风情况。注意防火、防虫、防鼠、防鸟、防潮、防雨、防霉变。

四、装卸

根据饲用燕麦草产品包装或草捆大小选择装卸方式，小方草捆、小包装、散装饲用燕麦草可采用人工装卸，体积较大的大方草捆、圆柱形草捆使用装卸机或叉车进行装卸，青贮裹包宜使用裹包抱夹机装卸。应轻装轻卸，严禁摔、抛、碾压、践踏草捆或包装。装卸过程注意人员安全，禁止无关人员靠近。装卸过程全程禁火。

五、运输

（一）运输前准备

根据目的地、运输距离、贮藏要求等制定运输计划，选择火车、汽车、农用运输工具或牧草堆垛运输专用汽车。运输前检查车辆安全状况，运输车辆（箱）底板、车体侧壁无破损、无变形。运输工具清洁无污染、无积水，不应使用装载过化肥、农药及其他可能造成污染的运输工具装载饲用燕麦草产品，运输前对运输工具进行彻底清洁，运载过活体牲畜、粪土等的运输工具应经过清洗消毒后方可装运饲用燕麦草产品。

运输工具应专用，不得与化学物品、有毒有害、有气味及其他有可能与饲用燕麦草产品造成交叉污染的物品混装运输。装车前应确保饲用燕麦草产品无霉变结块、无虫害、无污染。

（二）防护措施

配备清洁、无毒、无害的衬垫、遮盖等物品；运输过程要用篷布完全遮盖，并捆扎牢固，以防止鼠类、昆虫和鸟类等有害生物进入，同时起到防晒、防雨及防止散落的作用；运输车辆装载须均衡、平稳、节约，不超限超载；运输工具应配备必要的消防用具，并在醒目位置悬挂防火警示标识。

六、运输管理

经常检查运输工具和饲用燕麦草产品，发现异常情况应及时采取措施；运输过程中尽量减少倒运周转等环节，以减少损耗；做好饲用燕麦草产品交接手续，运输过程应有完整的记录，并保留相应的单据；运输过程全程禁火。

七、调运检疫

应按照 GB 15569 的相关要求执行。

第三节　饲用燕麦草产品追溯

一、草产品追溯的意义

溯源安全体系，最早是 1997 年欧盟为应对"疯牛病"问题而逐步建立并完善起来的食品安全管理制度。这套食品安全管理制度由政府进行推动，覆盖食品生产基地、食品加工企业、食品终端销售等整个食品产业链条的上下游，通过类似银行取款机系统的专用硬件设备进行信息共享，服务于最终消费者。一旦食品质量在消费者端出现问题，可以通过食品标签上的溯源码进行联网查询，查出该食品的生产企业、食品的产地、具体农户等全部流通信息，明确事故方相应的法律责任。

目前，我国大部分饲草产品还是非标产品，饲草产业要真正实现高质量发展，还必须走品牌化路线，将非标农作物转化为标准化产品。因而，建立饲草产品溯源体系，不仅能够为质量监管部门提供全范围内的产品质量统一监督管理，对一处发现的问题全网联动，确保及时发现、及时追查、及时控制，最大程度上减少产品质量问题的产生及危害；还能极大地促进饲草生产企业建立自主品牌，对加快建立规模化种植、标准化生产、产业化经营的现代饲草产业体系具有重要意义。

二、追溯基本要求

（一）追溯目标

通过饲用燕麦草追溯规范的实施，达到获得饲用燕麦草产品的产地种植管理、收获加工、贮存条件、装卸运输流通、使用对象等各个环节的产品溯源信息及相关责任主体的目的。

（二）机构和人员

追溯实施主体应设定专职机构和人员负责饲用燕麦草产品追溯的组织、实施、监控和信息采集、上报、核实及发布等工作；明确追溯管理各岗位职责、权限和责任义务等要求；制定和实施相关培训计划，确保相关工作人员具备开展追溯的能力。

（三）追溯产品目录

追溯实施主体要依据饲用燕麦草产品类型和来源，划分追溯单元，编制追溯产品目录，明确追溯信息采集的方式和频率，确定生产、加工、流通各环节的追溯精度。

（四）设备和软件

追溯实施主体应当配备必要的计算机、网络、标签打印机及条码读写等设备，性能应符合追溯管理的技术要求。在饲用燕麦草追溯过程中推荐使用代码化管理，产地信息的编码原则可按 NY/T 1430 的规定执行，追溯信息编码可由追溯实施主体自行编制，也可按 NY/T 1431 的规定执行，编码规范满足唯一性和稳定性的原则。

（五）管理制度

追溯实施主体应制定饲用燕麦草产品追溯实施计划、工作规范、信息采集规范、信息系统维护和管理规范、质量安全问题处置和应急预案等相关制度，并组织实施。

三、追溯信息要素

（一）追溯参与方

追溯参与方应符合表 9-1 的规定。

表 9–1　追溯参与方信息

序号	追溯信息	要求
1	责任主体信息	应包含实施追溯责任主体名称、统一社会信用代码、法定代表人姓名、身份证件类型、身份证件号码及联系方式、生产基地地址等信息
2	自然人信息	应包含姓名、身份证件类型、身份证件号码及联系方式、生产基地地址等信息

（二）追溯环节

追溯环节及对应的基本追溯信息应符合表 9–2 的规定。

表 9–2　追溯环节及基本追溯信息

序号	追溯环节	基本追溯信息
1	产地情况	包含产地地址、地块编码、生产规模、产地气候条件及产地环境等内容
2	生产管理	包含种子来源信息、投入品信息及种植、灌溉等农事操作信息等内容
3	收获加工	包含收获和加工环节的具体内容
4	运输贮存	包含运输和贮存环节的具体内容
5	销售情况	包含销售情况的具体内容

注：可根据实际情况增加追溯环节。

（三）基本追溯信息要求

1. 追溯信息

市场流通过程中基本追溯信息要求应符合表 9–3 规定，满足消费者对饲用草产品基本信息溯源的需求。

表 9–3　市场流通过程中基本追溯信息要求

序号	基本追溯信息	要求
1	品牌名称及产品编码	指销售方或生产者所售饲用燕麦草产品品牌名称及其产品编码，编码方法按照 NY/T 1430 规定执行
2	产品类型	明确饲用燕麦草产品类型，包含裹包青贮、干草、草颗粒等
3	规格型号及批次编号	明确标注产品具体的规格型号及生产批次编号，同时包含每件包装的体积及其长、宽、高，或直径、长度，以及重量和含水量（%）
4	产品质量	包含执行质量标准、等级、粗蛋白质含量（%）、中性洗涤纤维含量（%）、相对饲喂价值等基本情况
5	产地及生产日期	具体到内蒙古自治区××市（盟）××县（旗、市）××镇（乡）××村（嘎查、社区）；生产日期：××年××月××日
6	供货方信息	包含销售商名称、地址和联系方式以及供货地点

2. 生产追溯信息

生产过程中基本追溯信息要求应符合表 9–4 规定，满足生产者实现内部自身溯源的要求。

表 9-4 生产过程中基本追溯信息要求

序号	基本追溯信息	要求
1	产地编码	编码方法按照 NY/T 1430 规定执行
2	生产规模	单位计量可采用亩或公顷
3	产地气候条件	包含年平均温度、年降水量、海拔等基本情况
4	产地环境	包含水源、空气、土壤等基本情况
5	种子来源信息	包含品种名称、生产单位或供应商名称、联系人及联系方式、购入时间、购入数量、经办人等情况
6	农业投入品信息	包含投入品名称、生产单位或供应商名称、联系人及联系方式、购入时间、生产批次、购入数量、经办人等投入品来源信息，及投放时间、投放地块、面积、投放量等投入品使用记录情况
7	种植信息	包含种植方式、播种时间、生产面积、生产周期等信息
8	灌溉信息	包含灌溉时间、灌溉次数、灌溉方式、灌溉量等信息
9	收获信息	包含基地名称、地块编码、刈割日期、刈割面积、收获方式、批次编号等信息
10	加工信息	包含加工时间、加工方法、执行标准、加工数量、质量等级等信息
11	入/出库信息	包含库房位置及编号、垛位编号、品种名称、批次编号、入库时间、入库数量、出库时间、出库数量、库存数量、保管人等信息
12	储存条件	包含储存温度、湿度等基本信息

四、追溯信息管理

（一）信息采集

追溯实施主体要及时记录和保留追溯信息，并保证信息的真实、准确、完整且方便检索和查询。追溯信息可采用手写记录、电脑录入、扫码录入或者原始文件扫描图片等方式进行记录。

（二）信息存储

纸质记录至少保留两年，移动存储、计算机存储、云存储等电子记录可长期保存。

（三）信息传输

保障采集信息安全、完整的前提下，追溯信息的传输尽量采用自动化、信息化的方式进行。

（四）信息安全

在追溯信息具备防篡改、防攻击、访问权限控制、数据灾备等安全防护能力。

五、追溯标识

一般采用标签标识，饲用燕麦草销售时应将追溯标识附于产品或产品包装上，标识上应标示品种名称、规格、等级、批次编号、产地、种植基地名称、联系方式等，也可在标识上标示产地信息编码和追溯信息编码。一个标签只能标示一个饲用燕麦草产品；散装销售和运输时，标签也应随发货单一起传送。

第十章　燕麦草质量评价

燕麦草产品为一种饲草产品，其质量对获得较高家畜的生长能力至关重要。燕麦草质量评价一般包括感官评价、实验室分析和动物生产性能测定等方面进行评定。对燕麦草产品进行质量评定，有利于科学制定家畜日粮配方。

第一节　饲用燕麦草饲喂评价

一、饲喂原则

（一）燕麦干草质量要求

A 型燕麦干草和 B 型燕麦草感官和化学指标应符合 T/CAAA 002 要求。

（二）分群饲喂

牛和羊应根据各个阶段分群饲喂。

（三）饲喂方式

燕麦草切为 2 ~ 3 cm 小段进行饲喂，饲喂时搅拌于 TMR 日粮中于早上和晚上各进行饲喂 1 次。

二、饲喂量

（一）奶牛及肉牛饲喂量

1. 犊牛（0 ~ 6 月龄）

15 d 后可补饲少量切碎的燕麦干草，100 g/d 左右，逐渐增加饲喂量，到 2 月龄断奶时大约 600 g/d。犊牛断奶后继续增加燕麦干草喂量，至 6 月龄可达到 1 kg/d。

2. 育成牛（7 ~ 15 月龄）

燕麦干草饲喂量可逐步达到 2 ~ 3 kg/d。

3. 后备牛（16 ~ 24 月龄）

燕麦干草的饲喂量从 2 ~ 3 kg/d 可逐步达到 5 ~ 6 kg/d。

4. 产奶牛（25 月龄以上）

以日产奶量为主，结合胎次和泌乳阶段考虑燕麦干草用量。日产奶 30 kg 以上高产牛饲喂燕麦干草 6 ~ 9 kg/d。日产奶 20 ~ 30 kg 中产牛饲喂燕麦干草 3 ~ 6 kg/d。日产奶 20 kg 以下低产牛饲喂燕麦干草 1 ~ 3 kg/d。

5. 干奶牛

可饲喂燕麦干草 1 ~ 3 kg/d。

（二）羊饲喂量

1. 羔羊（0 ~ 6 月龄）

羔羊出生 15 d 后可补饲少量切碎的燕麦干草，100 g/d 左右，逐渐增加饲喂量，到 3 月龄断奶时大约 300 g/d。断奶后继续增加燕麦干草喂量，至 6 月龄饲喂量可达到 500 g/d。

2. 育成羊（6 ~ 18 月龄）

育成羊每日饲喂量可达到 1.0 kg/d。

3. 成年羊（18 月龄以上）

成年羊每日饲喂量可达到 1.0 ~ 1.5 kg/d。

三、燕麦草饲喂品质评价

燕麦草饲喂品质评价采用相对饲用价值（RFV）、相对饲草品质（RFQ）、中性洗涤纤维体外 30 h 降解率（$NDFD_{30}$）、120 h 无灰分未消化中性洗涤纤维（$uNDFom_{120}$）、240 h 无灰分未消化中性洗涤纤维（$uNDFom_{240}$）、30 h 体外干物质消化率（IVDMD）、30 h 中性洗涤纤维消化率（$NDFD_{30h}$）、尼龙袋降解率、粗饲料分级指数（GI）、每吨干物质可产生奶量等进行评价。

（一）相对饲用价值（RFV）

样品中相对饲用价值按式（1）计算：

$$RFV = DMI \times DDM / 1.29 \tag{1}$$

式中：

DMI——干物质采食量，以占体重百分比表示，$DMI = 120/$（NDF, %DM）；

DDM——可消化干物质，以占干物质百分比表示，$DDM = 88.9 - $（$0.779 \times ADF$, %DM）。

（二）相对饲草品质（RFQ）

样品中相对饲草品质按式（2）计算：

$$RFQ = DMI \times TDN / 1.23 \tag{2}$$

式中：

$DMI_{禾草}$ =−2.318+0.442×CP−0.0100×CP_2−0.0638×TDN+0.000 922×TDN^2+0.180×ADF−0.001 96×ADF^2 − 0.005 29×CP×ADF；

$TDN_{禾草}$ =（NFC×0.98）+（CP×0.87）+（FA×0.97×2.25）+[NDFn×（NDFDp/100）]−10；

CP 为粗蛋白质，以占干物质百分比（％DM）表示；

EE 为粗脂肪，以占干物质百分比（％DM）表示；

FA 为脂肪酸，以占干物质百分比（％DM）表示，计算公式为 FA= EE−1；

NDFCP 为中性洗涤不溶蛋白；

NDFn 为无氮 NDF，计算公式为 NDFn= NDF−NDFCP，或者 NDF×0.93；

NDFD 为 30 h NDF 体外消化率（NDF％）；

NFC 为非纤维性碳水化合物，以占干物质百分比（％DM）表示，计算公式为 NFC = 100 −（NDFn + CP + EE + 灰分）；

NDFDp= 22.7 + 0.664×NDFD。

（三）干物质体外 30 h 消化率（IVADFD$_{30}$）

将 0.5000 g 燕麦干草样品在瘤胃缓冲液中消化 30 h 后，烘干后干物质的量占原样品干物质的百分比（％）。

样品中干物质体外 30 h 消化率按式（3）计算：

$$X = \frac{W_1 - W_2}{W_2} \times 100 \tag{3}$$

式中：

X——样品在 30 h 时间点的体外消化率，单位为百分比（％）；

W_1——样品中干物质的重量，单位为克（g）；

W_2——经过 30 h 体外消化后残渣样品中干物质的重量，单位为克（g）。

（四）中性洗涤纤维体外 30 h 降解率（NDFD$_{30}$）

中性洗涤纤维体外 30 h 降解率参照 DB15/T 1164 进行测定。

（五）120 h 未消化无灰分中性洗涤纤维（uNDFom$_{120}$）

将 0.5000 g 燕麦干草样品在瘤胃缓冲液中消化 120 h 后，未消化无灰分中性洗涤纤维（uNDFom$_{240}$）以占 DM 的百分比表示。样品中中性洗涤纤维体外降解率按式（4）计算：

$$Y = \frac{W_3 - W_4}{W_4} \times 100 \tag{4}$$

式中：

Y——样品在 120 h 时间点的中性洗涤纤维瘤胃液体外降解率，单位为百分比（%）；

W_3——样品中中性洗涤纤维的重量，单位为克（g）；

W_4——经过 120 h 体外降解后残渣样品中中性洗涤纤维的重量，单位为克（g）。

（六）240 h 未消化无灰分中性洗涤纤维（uNDFom$_{240}$）

将 0.5000 g 燕麦干草样品在瘤胃缓冲液中消化 240 h 后，未消化无灰分中性洗涤纤维（uNDFom$_{240}$）以占 DM 的百分比表示。样品中中性洗涤纤维体外降解率按式（5）计算。

$$Z = \frac{W_5 - W_6}{W_6} \times 100 \tag{5}$$

式中：

Y——样品在 240 h 时间点的中性洗涤纤维瘤胃液体外降解率，单位为百分比（%）；

W_5——样品中中性洗涤纤维的重量，单位为克（g）；

W_6——经过 240 h 体外降解后残渣样品中中性洗涤纤维的重量，单位为克（g）。

（七）尼龙袋降解率

依照 GB/T 40835 利用尼龙袋测定法进行燕麦草瘤胃降解率的测定。

（八）粗饲料分级指数（GI）

羊粗饲料分级指数参考 GB/T 23387 进行计算，羊饲草 GI 分级计算公式为：

$$GI = (ME \times DMI \times CP) / NDF \tag{6}$$

式中：

ME——代谢能，单位为 MJ/kg DM；

DMI——干物质采食量，单位为 kg/d。估算公式为 $DMI = 45.00/NDF$（%DM）；

CP——粗蛋白质，单位为 %DM；

NDF——中性洗涤纤维，单位为 %DM。

奶牛粗饲料分级指数参考 DB15/T 1172 进行计算，奶牛饲草 GI$_{2008}$ 分级计算公式为：

$$GI_{2008} = \frac{NE_L \times DCP \times VDMI}{NDF} \tag{7}$$

式中：

GI_{2008}——粗饲料分级指数，单位为 MJ/d；

NE_L——粗饲料产乳净能值，单位为 MJ/kg；

DCP——粗饲料中可消化蛋白含量，单位为 %DM；

$VDMI$——粗饲料干物质采食量，单位为 kg/d；

NDF——粗饲料中中性洗涤纤维含量，单位为 %DM。

（九）每吨干物质可产生的牛奶重量（kg/t）

样品中每吨干物质可产生的牛奶重量（MT）按式（8）计算：

$$MT = (NE_L \times DMI - 0.08 \times 613.64^{0.75})/0.31 \tag{8}$$

式中：

$$NE_L(\text{Mcal/lb}) = \left[(TDN \times 0.0245) - 0.12\right]/2.20$$

（十）结果评价

燕麦草 RFV、RFQ、NDFD$_{30}$、IVDMD、NDFD$_{30h}$、尼龙袋降解率、GI、每吨干物质可产生奶量等指标值越高，uNDFom$_{120}$ 和 uNDFom$_{240}$ 指标值越低代表饲喂品质评价越好。燕麦草 RFV 范围为 86 ～ 144，RFQ 范围为 119 ～ 217，NDFD$_{30}$ 范围为 74% ～ 88%，uNDFom$_{120}$ 范围为 7% ～ 21%，uNDFom$_{240}$ 范围为 11% ～ 17%，NDFD$_{30h}$ 范围为 74% ～ 88%，每吨干物质可产生奶量为 2408 ～ 4010 kg/t，羊燕麦草 GI 指数参考 GB/T 23387 进行评判，奶牛燕麦草 GI 指数参考 DB15/T 1172 进行评判。

（十一）结果表示

取两次测定结果的算术平均值，计算结果保留 2 位小数点。

（十二）重复性

根据 GB/T 3358.1，在重复条件下同一样品同时两次平行测定所得结果相对偏差 ≤ 10%。

第二节　饲用燕麦草中性洗涤纤维瘤胃液体外 240 小时降解率的测定

一、试剂和溶液

（一）水质要求

如无特别说明，本方法所用试剂均为分析纯，所用水一律指 GB/T 6682 中三级水。

（二）试剂和溶液

丙酮（CH_3COCH_3）、磷酸氢二钾（KH_2PO_4）、七水硫酸镁（$MgSO_4 \cdot 7H_2O$）、氯化钠（$NaCl$）、二水氯化钙（$CaCl_2 \cdot 2H_2O$）、尿素〔$CO(NH_2)_2$〕、碳酸钠（Na_2CO_3）、九水硫化钠（$Na_2S \cdot 9H_2O$）、乙二胺四乙酸二钠（$C_{10}H_{14}N_2Na_2O_8$）、四硼酸钠（$Na_2B_4O_7 \cdot 10H_2O$）、十二烷基硫酸钠（$C_{12}H_{25}NaSO_4$）、乙二醇乙醚（$C_4H_{10}O_2$）和无水磷酸氢二钠（Na_2HPO_4）。

（三）试剂配制

1. 缓冲液 A

2. 缓冲液 B

3. 3% 十二烷基硫酸钠（中性洗涤剂）溶液配制

称取 18.60 g 乙二胺四乙酸二钠和 6.80 g 四硼酸钠加入 100 mL 烧杯中，加少量水加热溶解后，再加入 30.00 g 十二烷基硫酸钠和 20 mL 乙二醇乙醚。称取 4.65 g 无水磷酸氢二钠，置于另一烧杯中，加少量水，微微加热溶解后倒入第一个烧杯中，稀释至 1000 mL。

二、仪器和设备

羊用瘤胃液取样器（长 30 cm，内径 12.70 mm，PPR 管）、分析天平（分度值 0.0001 g）、烘干箱（室温至 300 ℃）、磁力搅拌器（转速为 100 ~ 1400 r/min）、纤维袋（ANKOM F57，25 μm 孔隙）、体外模拟培养箱（室温至 45 ℃）和全自动纤维分析仪（室温至 100 ℃）。

三、中性洗涤纤维瘤胃液体外 240 小时降解率的测定程序

（一）样品

1. 取样

按 GB/T 14699.1 进行采样。

2. 制备

样品根据 GB/T 20195 制备，置于烘箱内于 65 ℃烘干，研磨，过 1 mm 筛后取筛下物。

（二）分析步骤

1. 瘤胃液的制备

在晨饲前经瘤胃瘘管利用瘤胃液取样器采集供试羊（不少于 3 只）的瘤胃液，直

接转入预热至 39 ℃的保温容器中，混合均匀后经 4 层纱布过滤，滤液持续通入 CO_2 气体，然后量取 400 mL 瘤胃上清液于 39 ℃保温容器备用。

2. 体外消化步骤

消化：称取 0.5000 g 样品放置于纤维袋中，封口后平铺放置于体外模拟培养箱中消化罐的分隔板两侧。取两个容器分别加入 266 mL 缓冲液 B 和 1330 mL 缓冲液 A，于 39 ℃条件下调节其 pH 值达到 6.80。于每个消化罐中加入约 1600 mL 混合缓冲溶液（缓冲液 B+ 缓冲液 A）后放置于体外模拟培养箱中，打开加热和转动开关，使消化罐的温度在 20 ～ 30 min 内达到平衡。取出消化罐加入提前预处理好的 400 mL 瘤胃液，持续通入 CO_2 然后盖紧盖子，置于体外模拟培养箱中连续培养 240 h。

洗涤：待培养结束后取出消化罐倒掉液体，再将纤维袋全部取出，用流动的自来水冲洗 7 ～ 10 min 直至干净。

干燥：将纤维袋置于 105 ℃烘箱中烘干 6 h，放入干燥器中冷却 30 min 后，称重。然后再烘干 30 min，再冷却称重，直至两次称量之差小于 0.0020 g 为恒重。

3. 中性洗涤纤维含量的测定

原样样品和残渣样品中中性洗涤纤维含量按照 DB15/T 1583 中规定的方法进行。

四、结果计算

（一）样品中中性洗涤纤维含量按式（9）计算

$$Y = \frac{W_3 - W_2}{W_1} \times 100 \qquad (9)$$

式中：

Y——代表样品中中性洗涤纤维的含量，单位为百分比（%）；

W_1——代表样品的重量，单位为克（g）；

W_2——代表纤维袋的重量，单位为克（g）；

W_3——代表洗涤后样品和纤维袋的重量，单位为克（g）。

（二）样品中中性洗涤纤维体外降解率按式（10）计算

$$Z = \frac{W_4 - W_5}{W_4} \times 100 \qquad (10)$$

式中：

Z——代表样品在 240 h 时间点的中性洗涤纤维瘤胃液体外降解率，单位为百分比（%）；

W_4——代表样品中中性洗涤纤维的重量，单位为克（g）；

W_5——代表经过 240 h 体外降解后残渣样品中中性洗涤纤维的重量，单位为克（g）。

（三）结果表示

取两次测定结果的算术平均值，计算结果保留 2 位小数点。

（四）重复性

根据 GB/T 3358.1，在重复条件下同一样品同时两次平行测定所得结果相对相差 ≤ 10%。

五、附缓冲液 A 的配制

A.1 试剂

A.1.1 磷酸氢二钾。

A.1.2 七水硫酸镁。

A.1.3 氯化钠。

A.1.4 二水氯化钙。

A.1.5 尿素。

A.2 仪器设备

A.2.1 容量瓶：容量 1000 mL。

A.2.2 分析天平：感量 0.01 g 和 0.0001 g。

A.3 缓冲液 A 的配制

将 10.00 g 磷酸氢二钾、0.50 g 七水硫酸镁、0.50 g 氯化钠、0.10 g 二水氯化钙和 0.50 g 尿素加入 1000 mL 的容量瓶中，用蒸馏水定容。

第十一章　燕麦种子生产技术

　　良种繁育的任务是迅速繁殖出正在推广的优良品种和经过审定通过的适合当地推广利用的新品种；采取先进的农业技术措施，保持和提高优良品种的种性，确保种子质量，用经过选优提纯的优质原、良种更新生产用种，实现种子的定期更新。要完成上述任务，就必须建立健全良种繁育体系，建立一整套良种繁育制度，采用先进的繁育技术和栽培措施。

　　我国燕麦主要集中在边远落后地区，目前生产仍处在一家一户的小规模水平，主要依靠人力或畜力，机械化程度低，燕麦栽培技术较为落后，没有实行标准化生产，从种到收由农民根据经验进行，广种薄收、管理粗放、收获原始、混杂严重，单产较低，经济效益低。

　　另外，饲用燕麦产区目前品种混杂严重、种植技术比较粗放，造成燕麦产量低而不稳，种植效益较低。制定并实施该技术规程，可以规范内蒙古燕麦良种繁育技术，确保燕麦种子质量，实现燕麦高产，进而扩大燕麦种植面积、大力发展燕麦产业，以实现燕麦产量的可持续增长。

第一节　种子田建立

一、种子田的准备

　　推进我国燕麦产业高质量发展，需要有大量的良种供应。为了保持优良品种的优良特性，避免混杂、退化，必须建立种子田，实行以村供种和统一繁育、统一保管、统一供应的原则，以保障足够数量和质量的良种供应，充分发挥良种的增产潜力，促进燕麦获得大面积丰产。

　　怎样建立留种田？首先要加大目前我国常见燕麦品种和有推广前景的燕麦品种繁育力度。选择地势平坦、排水良好、土质和前茬较好的地块作为种子田。耕作管理要精细，特别在幼苗期和抽穗后，严格进行几次去杂去劣工作。在苗期要早除草、早中耕，将杂草消灭在萌芽时期，抽穗后要清除杂草、异株和异穗等（图11-1）。除去异株、杂株后燕麦成熟一致、穗型整齐（图11-2）。

图 11-1 　清除异株和异穗 　　　　图 11-2 　去杂后的燕麦种子田

在收获时，可根据助推燕麦品种性状进行精细选择，将选出的燕麦进行混合脱粒，作为第二年供种用。也可以根据其性状进行单穗选择，并单穗脱粒、单独贮藏，作为第二年种子田用（图 11-3）。

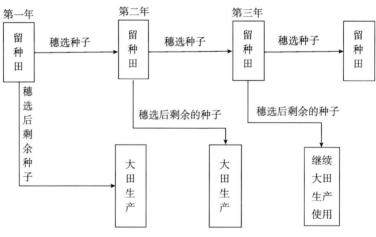

图 11-3 　留种田繁殖程序

二、种子生产应注意的事项

燕麦良种繁育的技术特点是根据其良种繁育的任务来决定的，它的任务就是生产具有高度品种品质和播种品质的种子，并在繁殖地上获得高而稳定的产量。因此，在良种繁育中技术特点明显。

（一）防止优良品种种子的混杂

混杂有两类，即机械混杂和生物学混杂。机械混杂是该优良品种种子中有其他的种子，如同一作物的其他品种种子，形成品种混杂；或其他作物的种子和杂草种子，形成种间混杂。品种混染的结果，比种间混杂危险得多，因为一种作物的不同品种的种子很难区分，甚至要在田间清除其他品种植株也是很困难的。种间混杂不论在种子中和在田间都比较容易发现，因而比较容易避免。

品种的生物学混杂是由于一个品种的植株，接受其他品种，或有时接受其他种的植株的花粉而引起的；生物学混杂也可能是由于某些植株发生退化而引起的。这两种过程都足以引起该品种的品种纯度或典型性、生产率和产品品质的降低。因此，在良种繁育过程中必须严格防止。

（二）防止机械混杂

应注意下列各过程，防止发生错误和造成机械混杂：

（1）在接收种子和拆除麻袋上的封印时，应仔细检查标签和封印，并核对种子证明文件，选取样本进行检查，以评定种子的真实性及其品种纯度和播种品质。

（2）种子进行处理和消毒时，要清扫处理的房舍和工具，防止混杂。

（3）运输种子到田间播种时，也要避免混杂。

播种不同品种或不同等级的种子时，播种用具必须清扫和消毒。如用畜力播种，田间饲喂的粮食也必须碾碎。播种良种的地上，如有以前的打谷场、堆草的地方和冬季的道路，都应在设计图上注明，以便提前收制，不作为种子用。邻近的播种地如有易混杂的作物和品种，应间隔 2～3 m，并种上其他作物隔开。

（4）在生长期中要精细地清除杂草、混杂植株和病株。

（5）收获时先将边上 2～4 m 宽的部分割去，不用作种子。运输草捆的车辆也要扫清，并防止种子散落地上；堆放茎秆的地方和脱粒场，最好在同一块地上，但不可在其他作物和品种的留茬地上，也不可靠近播种其他作物的地方。

脱粒过的和扬过的种子，装入经检查、清洗和消毒过的袋中，必须填好发货单一同送到仓库。如不装在袋中，那么装运的工具必须清扫、消毒。

（6）贮藏室和仓库要经过仔细的消毒和清理，并使每种作物和品种都能单独地隔开贮藏。

（7）种子清洗时，须垫仔细清理过的油布，清选的用具也要仔细地清扫，清选后的品种种子一定要归入适当品种等级中去。

（8）种子包装和发出时，装入新的或清洗消毒过的袋子中，原种种子要装入双层袋中。袋内附入品种证书，袋口挂上标签和封印。在发货单上要写明作物的名称、品种的名称、第几次繁殖和等级。

（9）保藏品种的原种种子一定要装在袋内单独地保藏。其他各级种子，也要每一个品种有一个单独的、固定的贮藏场所。并加强贮藏室的管理工作。

（三）防止生物学混杂

燕麦虽然为自花授粉植物，但也存在一定的异交率。因此，原种田和留种田不应和大田燕麦相邻种植，以防止生物混杂。防止生物学上混杂的方法就是对异花传粉作物进行空间隔离，以保证该品种的典型性或代表性。但当燕麦品种生物学上的利益和经济利益相符合时，品种间的异花传粉不仅可以改善其种性，也可以提高其产量，这样就不需要采用空间隔离。

燕麦品种空间隔离的远近决定于传粉的特性，也决定于邻近异品种播种面积的大小，播种面积越大，所产生的花粉越多，空间隔离应该越大。此外，还应同时考虑到花粉传播的空间如有树林、建筑物等障碍物，隔离的距离可以小，甚至不必隔离；同样开花时的风向、风力以及开花时期是否一致，对空间隔离的远近和是否需要隔离都有关系，如果开花时的风向和风力不可能使其他品种花粉达到良种繁殖的田中，或者其他品种的开花期与良种的开花期不一致，这样就不需要空间隔离。一般燕麦采用空间隔离的距离为 100～200 m。

第二节　燕麦种子田种植技术

一、选地与整地

（一）选地与隔离

1. 选地

选择地势平坦，土壤肥力中等及以上且肥力均匀，土层深厚，有灌溉条件、无重茬的地块。

2. 隔离

良种繁育田周围 10 m 以内不应种植或分布其他品种的燕麦。

（二）整地

秋季进行深耕、耙磨，耕翻深度为 20～25 cm，使地表土块细碎、平整、无杂物和前茬残留物，结合整地施用腐熟农家肥或有机肥，施入量 1500～2000 kg/亩。

二、播种前播种

选择高产、优质、抗逆性强，适宜当地生态类型的饲用燕麦品种。

（一）晒种

播种前 3～5 d 选无风晴天，把种子摊开，厚 3～5 cm，在干燥向阳处晒 2～3 d。

（二）拌种

播前用 50% 苯菌灵可湿性粉剂、15% 三唑酮可湿性粉剂拌种，防治燕麦黑穗病和锈病，用量为种子重量的 0.2% ～ 0.3%。农药施用符合 GB/T 8321.8 和 NY/T 1276 规定。

三、播种技术

（一）播种期

0 ～ 5 cm 土层温度持续在 5 ℃以上时播种。

（二）播种量

播种量 8 ～ 10 kg/ 亩。

（三）播种方式

机械条播，行距 25 cm，播种深度 3 ～ 5 cm。

四、田间管理

（一）施肥

1. 种肥

通过播种机分层施入，每亩施用纯 N、P_2O_5、K_2O 分别为 5 kg、1.5 ～ 5 kg、6 kg。肥料的使用应符合 NY/T 496 的规定。

2. 追肥

追肥在分蘖或拔节期，结合灌溉追施纯氮 4 kg/ 亩。

（二）灌溉

在分蘖期、抽穗期和灌浆期，根据土壤墒情灌溉。

（三）病虫草害防治

执行饲用燕麦标准体系内病虫草害防治标准相关规定。

（四）去杂去劣

在整个生育期内，根据品种的特征特性，严格进行去杂、去劣和拔除病株工作，按 DB15/T 892 执行。

五、收获

（一）收获时间

燕麦穗由绿变黄，上、中部籽粒变硬，70% 以上种子达到成熟时，可进行收获。

（二）种子干燥

收获后及时干燥处理，籽粒含水量 ≤ 13%。

种子干燥可采用自然干燥和机械干燥。自然干燥时应专场单晒，防止种子混杂；机械干燥时可采用谷物干燥机和机械通风干燥，机械干燥时应严格按照使用说明进行。

六、种子质量检验

按 GB/T 3543 规定执行。

七、种子包装与贮藏

种子包装按 GB/T 7414 规定执行，种子贮藏按 GB/T 7415 规定执行。

第三节　饲用燕麦种子质量评定

一、种子检验

种子检验是保证种子实现标准化的技术措施。搞好种子检验对于防止危险病虫和杂草的传播，保证农业生产的高产和稳产有重要意义。在种子检验时，应采取统一的标准和操作方法以及同一规格的仪器进行，以便使鉴定的结果可以相互比较。

（一）田间检验

由于燕麦各个品种的种子，在外表上有很多相似的地方；因此仅从种子来辨别各个品种是有一定限度的。所以，检查品种品质必须在作物收获前进行田间检定。田间检定能保证农作物播种的种子在品种品质方面符合标准，而且是鉴定品种品质最主要的方法。田间检验主要采取目测法，对品种和生育状况、品种纯度，病虫害、杂草等情况进行鉴别。

1. 生育状况

在幼苗期、抽穗期及蜡熟期，依植株整齐度、生长势等方面的表现，来评定生育状况的等级。

2. 品种纯度

在每次拔除杂株前，依品种的植株形态与特征，来鉴定其纯度。其方法是根据地块状况，采取对角线定点。如每个点取一平方尺（3 尺 =1 m）调查，计算出杂株的百分率。但应以收获前的杂株率为主。

品种纯度 =（供检总株数 – 混杂品种株数）/ 供检总株数 ×100%

3. 病虫害

每次拔除受害株以前（受害株指不能做种子用的病虫株；能作种子用的病虫株只调查病虫株数，不进行拔除），取样调查主要病虫害的发病率、虫害率以及受害程度等。

（二）室内检验

在实验室中测定种子的真实性是检查品种品质的方法之一，可以按照种子及种子发芽后内外特征来确定真实性。在某些作物上可用物理化学方法测定。这方法的优点在于对种子在任何时间都可进行，且在短期内可得出结果，费用也低；但它只能在部分作物上推广应用而且也是不全面的。室内检验主要检验种子含水量、发芽力、净度、病虫害等方面的内容。根据检验项目的需要，一般在种子入库前，贮藏中及播种前，进行三次检验工作，以确定种子能否播种及其等级。几个主要检验项目的做法如下。

1. 取样规则

选取平均样品是评定种子播种品质的最重要工作之一。因此，除由检验技术人员主持外，同时还必须有仓库管理员和行政负责人参加。取样数量依作物而不同。在选取平均样品时要检验注明种子品种品质、原产地和收获年代的证件，并检查它的贮存条件是否足以保证该批种子的品种品质和播种品质。取样时不论散装或袋装，一定要在各层代表点都取到，取得的样品数量多的，应从中再取得"平均样品"，它的数量也依作物种类而不同。

用来检定水分含量的样品，应放在密闭的玻璃瓶中，其他可放在袋中。在瓶或袋的内外应有标签，注明作物品种名称、纯度、等级、收获年份、所代表的那批种子的重量、场、庄的名称及地点，样品用于何种分析，取样者的姓名、职别及选择样品的说明书等；一律送种子检验室进行检查。种子检验室收到样品后，首先检查样品包装是否完整，再检查标签及选择样品说明书并过秤登记，然后把样品送往分析地点。

2. 种子净度检验

种子净度也叫清洁率，是指从样品中去掉杂质和废种子后，留下本品种健全种子占样品总重量的百分率。在测定种子清洁度时，所用种子数量依燕麦品种而定，分析样品应分为纯种种子及废物（包括没有种胚或粒小瘦弱的，有生命杂物如杂草及其他栽培植物种子，无生命杂物如土块、石块、砂子等）两部分。一般检验两次，求其平均值。

种子净度 =［样品总重量 –（废种子重量 + 杂物质重量）］/ 样品总重量 ×100%

3. 千粒重的测定

绝对重量即千粒重，随意取清洁种子 1000 粒，不加挑选，称它的重量以克为单位表示，就是绝对重量。

4. 种子含水量的检验

种子含水量对种子安全贮藏和保持发芽力有很大关系。因此，在种子入库前。必须测定其含水量。取有代表性的样品 50 g 磨碎，从中取两个 5 g，分放于两个称量瓶中，在 105 ℃ 干燥箱中烘烤，直至恒重时称其重量。按公式计算：

种子含水率 =（烘前重量 – 烘干后重量）×100%

两次样品相差不得超过 0.5%。否则应重新测量。种子含水量还可以用种子水分测定仪测试。

5. 种子发芽率的检验

进行种子发芽能力检验的做法是，选取有代表性的种子 100 粒，放入瓷盘或玻璃皿内，置于温暖的地方，注意温度和适当加水，经过 7 d 计算发芽率，每样种子应设重复两次，求其平均值。

发芽率 = 全部发芽种子数 / 供试种子数 ×100%

种子经以上各项检验后，可对这批种子作出总的评价，它说明种子使用价值的大小。被检验样品中的好种子和发芽种子的百分率称为种子用价。其计算公式为：

种子用价（%）=（种子净度 – 种子发芽率）/100

6. 病虫害感染性的检查

按照种子大小选取样品进行检验虫粒和病粒的数目，重复一次，并计算它的百分率。

二、质量要求

皮燕麦种子纺锤形，宽大，有纵沟，黑色、紫色、褐色、灰色、白色、黄色等；裸燕麦圆筒形、卵圆形、纺锤形、椭圆形等，白色、粉红色、黄色等。种子应饱满、无异味、无霉变、无病原体及害虫侵袭等。

三、质量分级

（一）种子应符合质量要求

依据纯度、净度、发芽率和水分进行质量分级。

（二）质量分级

饲用燕麦种子质量分级见表 11–1。

表 11-1 饲用燕麦种子质量分级 单位：%

级别	纯度不低于	净度不低于	发芽率不低于	水分不高于
一	99	98	95	12
二	97	98	90	12
三	97	95	85	12

四、质量评定

纯度、净度、发芽率、水分 4 项指标均在同一级别时，直接定级。其中任何一个指标在三级以外，则定为不合格。四项指标均在三级以内，但不在同一级别时，用最低的指标所在级别为该种子的等级。

参考文献

［战国—汉］不详, 2014. 尔雅[M].管锡华, 译注 . 北京: 中华书局 .

［汉］许慎, 1981.说文解字注[M].[清]段玉裁, 注 . 上海: 上海古籍出版社 .

［晋］郭璞, 注, 1990. 尔雅注疏[M].[宋]邢昺, 疏 . 上海: 上海古籍出版社 .

［唐］苏敬, 1959.新修本草[M]. 上海: 上海科学技术出版社 .

［宋］寇宗奭, 1990. 本草衍义[M]. 北京: 人民卫生出版社 .

［宋］唐慎微, 1957. 重修政和经史证类备用本草[M]. 北京: 人民卫生出版社 .

［宋］郑樵, 1991. 尔雅郑注[M]. 北京: 中华书局 .

［明］方以智, 1990. 通雅[M]. 北京: 中国书店 .

［明］李时珍, 1930. 本草纲目[M]. 上海: 商务印书馆 .

［明］李维祯, 1996. 山西通志[M]. 北京: 中华书局 .

［明］彭遵古, 2007. 郧阳府志[M]. 武汉: 长江出版社 .

［明］杨慎, 2019. 丹铅总录[M]. 北京: 中华书局 .

［明］张自烈, 1996. 正字通[M]. 北京: 中国工人出版社 .

［明］赵时春, 1999. 平凉府志[M]. 兰州: 甘肃人民出版社 .

［明］赵廷瑞, 马理, 吕柟, 2006. 陕西通志[M]. 西安: 三秦出版社 .

［明］朱橚, 1987. 救荒本草[M]. 上海: 上海古籍出版社 .

［清］崔培元, 朱甘霖, 1976. 宜都县志[M]. 台北: 成文出版社 .

［清］陈大章, 1937. 诗传名物集览[M]. 上海: 中华书局 .

［清］陈元龙, 1989. 格致镜原（上下影印版）[M]. 扬州: 江苏广陵古籍刻印社 .

［清］鄂尔泰, 1995. 授时通考校注[M]. 马宗申, 校注 . 北京: 中国农业出版社 .

［清］鄂尔泰, 2007. 云南通志[M]. 昆明: 云南人民出版社 .

［清］鄂尔泰, 张廷玉, 2000. 钦定授时通考[M]. 长春: 吉林出版集团 .

［清］顾景星, 1995. 野菜赞[M]. 上海: 上海古籍出版社 .

［清］黄彭年, 1985. 畿辅通志[M]. 石家庄: 河北人民出版社 .

［清］靖道谟, 鄂尔泰, 2008. 贵州通志[M]. 上海: 上海古籍出版社 .

［清］马忠良, 马湘, 孙锵, 1972. 越嶲厅志[M]. 台北: 成文出版社 .

［清］平翰，郑珍，出版年不详．遵义府志［M］．北京：古籍出版社．

［清］吴其濬，1963.植物名实图考［M］.北京：中华书局．

［清］张曾，2007.归绥识略［M］.呼和浩特：内蒙古人民出版社．

［清］朱鼎臣，2014.郫县志［M］.北京：方志出版社．

北洋政府设馆，1980.清史稿［M］.北京：中华书局．

崔友文，1953.华北经济植物志要［M］.北京：科学出版社．

崔友文，1959.中国北部和西北部重要饲料作物和毒害植物［M］.北京：高等教育出版社．

德康多尔，1940.农艺植物考源［M］.俞德浚，蔡希陶，译.上海：商务印书馆．

韩建国，孙启忠，马春晖，2004.农牧交错带农牧业可持续发展技术［M］.北京：化学工业出版社．

韩建国，韩津琳，毛培胜，1998.农闲地种草养畜技术（黄土高原篇）［M］.北京：中国农业科学技术出版社．

胡先骕，1953.经济植物学［M］.上海：中华书局．

胡先骕，孙醒东，1955.国产牧草植物［M］.北京：科学出版社．

贾鑫，2012.青海省东北部地区新石器—青铜时代文化演化过程与植物遗存研究［D］.兰州：兰州大学．

李璠，1979.生物史（第五分册）［M］.北京：科学出版社．

李璠，1984.中国栽培植物发展史［M］.北京：科学出版社．

李昉，1966.太平御览［M］.北京：中华书局．

李小强，周新郢，周杰，等，2007.甘肃天水西山坪遗址生物指标记录的中国最早的农业多样化［J］.中国科学（D辑：地球科学），7：80-86.

柳茜，傅平，敖学成，等，2016.冬闲田多花黑麦草＋光叶紫花苕混播草地生产性能与种间竞争的研究［J］.草地学报，30（10）：1584-1588.

柳茜，傅平，苏茂，等，2015.不同氮肥基施对多花黑麦草产量的影响［J］.草业与畜牧，3：18-20.

柳茜，卢寰宗，马英，等，2022.播期对安宁河流域冬闲田燕麦生产性能的影响［J］.四川农业科技（8）：28-31.

柳茜，乔雪峰，陶雅，等，2020.凉山地区燕麦与光叶紫花苕不同混播比例对生物量影响的研究［J］.中国奶牛（11）：64-68.

柳茜，孙启忠，2018.攀西饲草［M］.北京：气象出版社．

柳茜，孙启忠，2019.凉山一年生饲草［M］.北京：中国农业科学技术出版社．

柳茜，孙启忠，卢寰宗，等，2017.冬闲田不同燕麦品种生产性能的初步分析［J］.中国奶牛（10）：51-53.

柳茜，孙启忠，乔雪峰，等，2019.6个燕麦品种在攀西地区生产性能比较［J］.草业与畜牧（3）：38-43.

柳茜，孙启忠，杨万春，等，2019.攀西地区冬闲田种植晚熟型燕麦的最佳刈割期研究［J］.中国奶牛（1）：3-5.

陆军经理学校，明治四十四年（1911）.牧草图谱[M].东京：滨田活版所.

全国畜牧总站，2017.中国草业统计（2016）[M]. 北京：中国农业出版社.

全国畜牧总站，2018.中国草业统计（2017）[M]. 北京：中国农业出版社.

全国畜牧总站，2020.中国草业统计（2018）[M]. 北京：中国农业出版社.

全国畜牧总站，2021.中国草业统计（2019）[M]. 北京：中国农业出版社.

全国畜牧总站，2022.中国草业统计（2020）[M]. 北京：中国农业出版社.

斯密尔诺夫，1955.作物栽培学[M].陈恺元，董而雍，译.北京：财政经济出版社.

孙启忠，韩建国，卫智军，2006.沙地植被恢复与利用技术[M].北京：化学工业出版社.

孙醒东，1951.中国食用作物[M].上海：中华书局.

孙醒东，1954.重要牧草栽培[M].北京：科学出版社.

拓泽忠，周恭寿，熊继飞，1938.麻江县志[M].出版社不详.

陶雅，林克剑，2022.燕麦栽培技术[M].北京：中国农业出版社

陶雅，孙雨坤，柳茜，等，2023.牧草史钞[M].北京：中国农业科学技术出版社.

王栋，1956.牧草学各论[M].南京：畜牧兽医图书出版社.

王建光，2018.牧草饲料作物栽培学[M].2版.北京：中国农业出版社.

王启柱，1975.饲用作物学[M].台北：中正书局.

徐丽君，柳茜，肖石良，等，2020.乌蒙山区春闲田粮草轮作燕麦的生产性能[J].草业科学，37
（3）：514-521.

徐丽君，唐华俊，孙启忠，等，2021.乌蒙山燕麦[M].北京：中国农业科学技术出版社.

杨文宪，2006.莜麦新品种与高产栽培技术[M].太原：山西人民出版社.

叶雪玲，甘圳，万燕，等，2023.饲用燕麦育种研究进展与展望[J].草业学报，32（2）：160-177.

伊万诺夫，西卓夫，1953.大田作物育种与种子繁育学[M].东北农学院，译.北京：中华书局.

于德源，2014.北京农史[M].北京：人民出版社.

于景让，1972.栽培植物考（第二集）[M].台北：艺文印书馆.

赵秀芳，戎郁萍，赵来喜，2007.我国燕麦种质资源的收集和评价[J].草业科学，24（3）：36-39.

郑殿升，张宗文，2017.中国燕麦种质资源国外引种与利用[J].植物遗传资源学报，18（6）：1001-
1005.

中等农业学校选种和良种繁育学教科书编辑委员会，1957.选种和良种繁育学[M].北京：财政经
济出版社.

中国植物志编委，1987.中国植物志：第9（3）卷[M].北京：科学出版社.

作者不详，2014.尔雅[M].管锡华，译注.北京：中华书局.

Н.Й.瓦维洛夫，1982.主要栽培植物的世界起源中心[M].董玉琛，译.北京：中国农业出版社.

ICS 65.020.01
CCS B 20

DB15

内 蒙 古 自 治 区 地 方 标 准

DB15/T 3333—2024

饲用燕麦品种选择规范

Technical criterion for selection of forage oat varieties for
production

2024-02-23 发布　　　　　　　　　　　　　2024-03-23 实施

内蒙古自治区市场监督管理局　　发 布

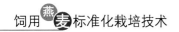

前　言

本文件按照GB/T 1.1—2020《标准化工作导则　第1部分：标准化文件的结构和起草规则》的规定起草。

本文件由内蒙古自治区农牧厅提出。

本文件由内蒙古自治区畜牧业标准化技术委员会（SAM/TC 19)归口。

本文件起草单位：中国农业科学院草原研究所、内蒙古自治区林业和草原种苗总站、呼和浩特市农牧技术推广中心、内蒙古伊禾绿锦农业发展有限公司、内蒙古伊利实业集团股份有限公司、五原县农牧业技术推广中心、和林格尔县畜牧业发展中心。

本文件主要起草人：陶雅、李峰、夏红岩、李文龙、王建华、靳慧卿、黄海、蔡琪、张晨、张思慧、魏晓斌、张彩霞、郭云汉、王欢、韩春燕、李建忠、王荣、杨健、徐凤珍。

饲用燕麦品种选择规范

1 范围

本文件规定了饲用燕麦品种选择原则、品种要求、品种选择和种子质量要求。
本文件适用于饲用燕麦生产区域品种选择。

2 规范性引用文件

下列文件中的内容通过文中的规范性引用而构成本文件必不可少的条款。其中，注日期的引用文件，仅该日期对应的版本适用于本文件；不注日期的引用文件，其最新版本（包括所有的修改单）适用于本文件。

GB 6142 禾本科草种子质量分级

3 术语和定义

下列术语和定义适用于本文件。

3.1

饲用燕麦 forage oat

作为饲草利用的禾本科燕麦属一年生草本植物，包括皮燕麦（*Avena sativa* L.）和裸燕麦（*Avena nuda* L.）。

4 品种选择原则

根据当地生态环境、栽培条件和栽培制度，适地适时地选择丰产性优、适应性强、抗逆性好、优质性佳的饲用燕麦品种；选择的品种必须是通过国家或地方审定或引种备案的品种。

5 品种要求

5.1 生育期

根据季节和茬口等要求，选择适宜生育期的燕麦品种（见表1）。

表1 燕麦生育期分类

熟性分类	生育期
极早熟	≤85 d
早熟	86～100 d

DB15/T 3333—2024

表1 燕麦生育期分类（续）

熟性分类	生育期
中熟	101～115 d
晚熟	116～130 d
极晚熟	＞130 d

5.2 丰产性

在相同栽培条件下比同类型对照品种增产显著的品种（见表2）。

表2 饲用燕麦品种丰产性要求

特性	品种要求
产草量	产草量高
株高	植株高大
有效分蘖数	有效分蘖数多
叶片数	叶量丰富
叶面积	叶片宽大

5.3 适应性

品种对其栽培地区环境及栽培条件的适应能力较强，应用范围较广，不同年份产量变化较小，稳产性高。

5.4 抗逆性

品种对逆境的忍耐或抵抗能力强（见表3）。

表3 饲用燕麦品种抗逆性要求

特性	品种要求
抗旱性	根系发达，抗旱能力强
耐瘠薄	良好，在土壤贫瘠，养分不足的条件下正常生长，并获得较高的产草量
抗倒伏	具有一定的抗倒伏能力，倒伏级别不高于1级（按照附录A）
抗病虫	具有一定的抗病虫害的能力，如锈病、黑穗病、白粉病及粘虫、草地螟、蚜虫等

5.5 优质性

品种对家畜的适口性、营养价值、消化率等饲用品质优良（见表4）。

表4 饲用燕麦品种优质性要求

特性	品种要求
适口性好	柔嫩多汁，口感偏甜，消化率较高，各类家畜均喜食
叶量丰富	叶繁盛，叶茎比较高
营养价值高	中性洗涤纤维≤55%，粗蛋白≥8.0

6　品种选择

内蒙古自治区饲用燕麦主要栽培区域为大兴安岭沿麓、西辽河流域、阴山沿麓和沿黄灌区栽培区。根据不同区域的特点及栽培制度选择相适应的品种类型（见表5）。

表5　饲用燕麦主要栽培域品种选择

饲用燕麦主要栽培区域	区域特点	利用类型	品种要求
大兴安岭沿麓栽培区	半干旱大陆性气候，年降雨量在 350 mm 左右	旱作、单季栽培为主	适应性强、耐旱（在年降水量 350 mm 的旱作条件下能够保持稳产）、耐瘠薄，生育期较长的中晚熟品种，干草产量不低于 350 kg/667 m²
		灌概地、单季栽培为主	适应性强、高产、优质、抗病虫、抗倒伏，生育期较长的中晚熟品种，干草产量不低于 500 kg/667 m²
西辽河流域栽培区	温带大陆性气候年降雨量≥320 mm	旱作、单季栽培为主	适应性强、耐旱（在年降水量 320 mm 以上的旱作条件下能够保持稳产）、耐瘠薄，生育期较长的晚熟品种，干草产量不低于 350 kg/667 m²
		灌溉地、春夏两季栽培	适应性强、高产、优质、抗病虫、抗倒伏，春播中晚熟品种干草产量不低于 600kg/667 m²；夏播早熟品种干草产量不低于 500kg/667 m²，两季干草产量不低于 1000 kg/667 m²
阴山沿麓栽培区	中温带半干旱大陆性季风气候，年均降雨量在 300 mm 左右	北麓旱作、单季栽培	适应性强、耐旱（在年降水量 300 mm 的旱作条件下能够保持稳产）、分蘖能力强，生育期长的晚熟品种，干草产量不低于 350 kg/667 m²
		南麓灌溉地、春夏两季栽培	适应性强、高产、优质、抗病虫、抗倒伏，可春播大麦＋夏播中熟燕麦品种，单季燕麦干草产量不低于 650 kg/667 m²；或春播中晚熟燕麦品种＋夏播中早熟品种，两季干草产量不低于 1000 kg/667 m²
沿黄灌区栽培区	温带大陆性气候，年均降雨量＜300 mm	灌溉地、春夏两季栽培（不建议旱作）	适应性强、高产、优质、抗病虫、抗倒伏，可春播小麦＋夏播早熟燕麦品种，单季干草产量不低于 650 kg/667 m²；或春播早熟燕麦品种＋夏播向日葵，单季干草产量不低于 500 kg/667 m²；或春播中晚熟燕麦品种＋夏播中熟品种，两季干草产量不低于 1200 kg/667 m²

7　种子质量要求

应符合 GB 6142 中规定的二级以上（含二级）相关要求。

附 录 A

（规范性）

饲用燕麦倒伏级别划分

根据倒伏面积可将倒伏级别分为4级，倒伏面积按照实际倒伏面积占栽培总面积的百分率（%）表示（表A.1）。

表A.1 饲用燕麦倒伏级别划分

倒伏面积（%）	倒伏级别
0	0
0～15	1
15～45	2
＞45	3

ICS 65.020.01
CCS B 20

DB15

内 蒙 古 自 治 区 地 方 标 准

DB15/T 3334—2024

饲用燕麦品种认定规范

Technical criterion for certification of forage oat variety

2024-02-23 发布　　　　　　　　　　　　2024-03-23 实施

内蒙古自治区市场监督管理局　　发　布

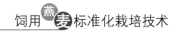

前　言

本文件按照GB/T 1.1—2020《标准化工作导则　第1部分：标准化文件的结构和起草规则》的规定起草。

本文件由内蒙古自治区农牧厅提出。

本文件由内蒙古自治区畜牧业标准化技术委员会（SAM/TC 19)归口。

本文件起草单位：中国农业科学院草原研究所、内蒙古自治区林业和草原种苗总站、呼和浩特市农牧技术推广中心、内蒙古伊利实业集团股份有限公司、内蒙古伊禾绿锦农业发展有限公司、北京正道种业有限公司、五原县农牧业技术推广中心、武川县农牧技术推广中心、和林格尔县畜牧业发展中心。

本文件主要起草人：陶雅、夏红岩、李峰、王建华、李文龙、靳慧卿、黄海、张思慧、张晨、蔡琪、张彩霞、魏晓斌、齐丽娜、郭云汉、韩春燕、李建忠、李炳华、张斌、姜涛。

DB15/T 3334—2024

饲用燕麦品种认定规范

1　范围

本文件规定了饲用燕麦品种植物学特征认定、物候期认定和SSR分子标记认定。

本文件适用于饲用燕麦品种的认定。

2　规范性引用文件

下列文件中的内容通过文中的规范性引用而构成本文件必不可少的条款。其中，注日期的引用文件，仅该日期对应的版本适用于本文件；不注日期的引用文件，其最新版本（包括所有的修改单）适用于本文件。

NY/T 2470　小麦品种鉴定技术规程 SSR分子标记法

3　术语和定义

下列术语和定义适用于本文件。

3.1

饲用燕麦　forage oat

作为饲草利用的禾本科燕麦属一年生草本植物，包括皮燕麦（*Avena sativa* L.）和裸燕麦（*Avena nuda* L.）。

3.2

品种　variety

通过国家或地方审定或引种备案的品种。

3.3

原产地　habitat

认定品种的生产地。

3.4

SSR分子标记　simple sequence repeats marker

由几个核苷酸（一般为1～6个）为重复单位组成的长达几十个核苷酸的串联重复序列。

4　形态学特征认定

4.1　株形

DB15/T 3334—2024

紧凑或松散，分蘖类型，基部分蘖数。

4.2 根系

根系类型，土层中根系分布状况。

4.3 茎

茎杆形态，直径，节数。

4.4 叶

叶片数量，颜色，旗叶长，旗叶宽，倒二叶长，倒二叶宽，叶舌形态。

4.5 花序

穗型，穗轴长度，穗轴节数，穗轴节长，铃型，小穗数量，小穗长，小穗颜色，每小穗小花数，小穗是否被毛，外稃是否具芒，芒色，芒长度。

4.6 颖果

颖果类型，形状，长、宽，颜色，是否被毛，腹沟形态，种子千粒重。

5 生育期认定

原产地播种、出苗时间，分别进入分蘖期、拔节期、孕穗期、开花期和种子成熟期的时间。

6 SSR 分子标记认定

6.1 SSR 引物

用于饲用燕麦品种认定的引物信息按照附录 A。

6.2 参照品种

市场上应用最多的品种，按照附录 B。

6.3 操作步骤

SSR 分子标记操作步骤按照 NY/T 2470 执行。

6.4 认定结果

统计认定品种与参照品种 SSR 引物位点的等位变异数据，结果表述为：认定品种____与参照品种比较检测出差异位点数：_____，差异位点的引物标号为：_____。

附　录　A
（规范性）
SSR 引物

SSR引物见表A.1。

表A.1　SSR 引物

引物名称 Primer name	序列（5'-3'） Sequence（5'-3'）	退火温度 ℃ Anneal
AM1	正向：GGATCCTCCACGCTGTTGA 反向：CTCATCCGTATGGGCTTTA	46
AM2	正向：TGAATTCGTGGCATAGTCACAAGA 反向：AAGGAGGGCATAGGGAGGTATTT	49
AM3	正向：CTGGTCATCCTCGCCGTTCA 反向：CATTTAGCCAGGTTGCCAGGTC	51
AM4	正向：GGTAAGGTTTCGAAGAGCAAAG 反向：GGGCTATATCCATCCCTCAC	48
AM5	正向：TTGTCAGCGAAATAAGCAGAGA 反向：GAATTCGTGACCAGCAACAG	46
AM6	正向：AATGAAGAAACGGGTGAGGAAGTG 反向：CCAGCCCAGTAGTTAGCCCATCT	52
AM7	正向：GTGAGCGCCGAATACATA 反向：TTGGCTAGCTGCTTGAAACT	48
AM8	正向：CAAGGCATGGAAAGAAGTAAGAT 反向：TCGAAGCAACAAATGGTCACAC	47
AM9	正向：CAAAGCATTGGGCCCTTGT 反向：GGCTTTGGGACCTCCTTTCC	48
AM11	正向：TCGTGGCAGAGAATCAAAGACAC 反向：TGGGTGGAGGCAAAAACAAAAC	49
AM13	正向：CGGCGTGATTTGGGGAAGAAG 反向：CTAGTAACGGCCGCCAGTGTGCTG	54
AM14	正向：GTGGTGGGCACGGTATCA 反向：TGGGTGGCGAAGCGAATC	48
AM20	正向：TGTCGATTTCTTTAGGGCAGCACT 反向：TCGCGAGAAAGATGGAAAGGAGA	50

DB15/T 3334—2024

表A.1 SSR引物（续）

引物名称 Primer name	序列（5'-3'） Sequence（5'-3'）	退火温度 ℃ Anneal
AM22	正向：ATTGTATTTGTAGCCCCAGTTC 反向：AAGAGCGACCCAGTTGTATG	46
AM23	正向：TCTTTAAGGATTTGGGTGGAG 反向：AATCTTCGAGGGTGAGTTTCT	45
AM30	正向：TGAAGATAGCCATGAGGAAC 反向：GTGCAAATTGAGTTTCACG	43
AM31	正向：GCAAAGGCCATATGGTGAGAA 反向：CATAGGTTTGCCATTCGTGGT	47
AM42	正向：GCTTCCCGCAAATCATCAT 反向：GAGTAAGCAAAGGCCAAAAAGT	45
AM43	正向：GCTTCCCGCAAATCATCAT 反向：GAGTAAGCAAAGGCCAAAAAGT	46
AM48	正向：ATTCGTGGCTCCTGTGC 反向：GTGTACGTTAACTCCCCTCTAT	46
AM53	正向：TCGCCATTAATAAGAGGGAAGG 反向：GCTGCTGTTGGGTGGTTAGTG	50
AM83	正向：CACTGCCATACATTCTGTCG 反向：CCTCTACCGCAAAGGAAGAA	55
AM87	正向：GAGCAAGCTCTGGATGGAAA 反向：CCCGTTTATGTGGTTGTTAGC	55
AM89	正向：GGCGGTTGGAGAGTGTCTT 反向：AGGTGAAGGCGAGTGGAAG	58
AM102	正向：TGGTCAGCAAGCATCACAAT 反向：TGTGCATGCATCTGTGCTTA	55
AM113	正向：ATCAAAGATCGCCTCGAGTT 反向：GGTCCAACATAGGCACAAGG	55
CWM16	正向：TCGCGTGGACATTTTGAGC 反向：CTAGAGTGCGGGGTGATTGG	50
CWM30	正向：GCGGTGCCAAGCCATCC 反向：CACATTGCAGGTAGCGTCTCT	55
CWM32	正向：GCGGTGCCAAGCCATCCA 反向：CACATTGCAGGTAGCGTCTCT	55
CWM39	正向：TCCTGCGCCCCTGATGTAAT 反向：TAATAAATGCGCCCCTCCCAGAAG	50
CWM41	正向：TTCACCGGTGCCGATTTACAGAGG 反向：GATGGCGCCGGGATGGTGAGGAG	50
CWM42	正向：TGTCCCGTTGCCAGTTTTGTTTAG 反向：ATTACCGCGGGCCAGTGAGC	50

表A.1 SSR引物（续）

引物名称 Primer name	序列（5'-3'） Sequence（5'-3'）	退火温度 ℃ Anneal
CWM45	正向：GCGCATGGAAGCTCACAAGTTTT 反向：GAAGAAGCCCTGGCCTGATGGATA	55
CWM46	正向：GGTTGCCCTGGTGATGAAG 反向：ATAAACAAGGATGCCGTGGAG	55
CWM47	正向：ATCGCCGCCTCCAGCAACCA 反向：GACGACGCCGACGAGGACGAG	55
CWM48	正向：GATCGGCGACTTCCTCCCTCAT 反向：ACCCCGCTCTTTCCCCAATAAT	55
CWM50	正向：AGCGCATGGAAGATCACAAGTT 反向：GGAGCCCTGGCCTAATGGA	55
CWM102	正向：AGCAAGAGGCGGTGGTGTCC 反向：CTTGGGCGGCGTGCTTCC	50
CWM123	正向：AGCGAGCAGGCAGCAGGAAG 反向：GCGCGACTCGAAGACAACT	50
CWM214	正向：GCTCCTTGTTCACTCATCTC 反向：ATGCAGTCCTACTTGGTGAT	50

DB15/T 3334—2024

附　录　B

（规范性）

参照品种名单

饲用燕麦参照品种见表B.1。

表B.1　参照品种名单

序号	品种名	序号	品种名
1	青引 1 号	10	速锐
2	青引 2 号	11	美达
3	青海甜燕麦	12	贝勒
4	林纳	13	枪手
5	青燕 1 号	14	魅力
6	白燕 7 号	15	太阳神
7	加燕 2 号	16	福瑞至
8	青海 444	17	贝勒 2
9	巴燕 3 号	18	爱沃

ICS 65.020.01
CCS B 00

DB15

内 蒙 古 自 治 区 地 方 标 准

DB15/T 3335—2024

饲用燕麦产地环境要求

Environmental requirements for forage oat planting land in Inner
Mongolia

2024-02-23 发布　　　　　　　　　　　　　2024-03-23 实施

内蒙古自治区市场监督管理局　　发 布

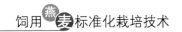
前　言

本文件按照GB/T 1.1—2020《标准化工作导则　第1部分：标准化文件的结构和起草规则》的规定起草。

本文件由内蒙古自治区农牧厅提出。

本文件由内蒙古自治区畜牧业标准化技术委员会（SAM/TC 19)归口。

本文件起草单位：内蒙古农业大学、内蒙古正时生态农业（集团）有限公司、内蒙古自治区农牧业科学院、内蒙古自治区农牧业技术推广中心。

本文件主要起草人：赵宝平、王希全、米俊珍、段慧、苑志强、刘景辉、张茹、张志芬、王润莲、刘美英、纪峡、张晓萝、赵晶晶、杨永清、马宏伟。

饲用燕麦产地环境要求

1 范围

本文件规定了饲用燕麦的术语和定义，产地气候条件、空气质量、灌溉水质量、土壤重金属含量和土壤肥力要求。

本文件适用于饲用燕麦的生产。

2 规范性引用文件

下列文件中的内容通过文中的规范性引用而构成本文件必不可少的条款。其中，注日期的引用文件，仅该日期对应的版本适用于本文件；不注日期的引用文件，其最新版本（包括所有的修改单）适用于本文件。

GB 6920　水质 pH值的测定 玻璃电极法

GB 7467　水质 六价铬的测定 二苯碳酰二肼分光光度法

GB 7475　水质 铜、锌、铅、镉的测定 原子吸收分光光度法

GB 7484　水质 氟化物的测定 离子选择电极法

GB 7485　水质 总砷的测定 二乙基二硫代氨基甲酸银分光光度法

GB/T 8971　空气质量 飘尘中苯并（a）芘的测定 乙酰化滤纸层析荧光分光光度法

GB/T 9801　空气质量 一氧化碳的测定 非分散红外法

GB/T 15264　环境空气 铅的测定 火焰原子吸收分光光度法

GB/T 15432　环境空气 总悬浮颗粒物的测定 重量法

GB/T 17141　土壤质量 铅、镉的测定 石墨炉原子吸收分光光度法

GB/T 22105.1　土壤质量 总汞、总砷、总铅的测定 原子荧光法 第1部分：土壤中总汞的测定

GB/T 22105.2　土壤质量 总汞、总砷、总铅的测定 原子荧光法 第2部分：土壤中总砷的测定

HJ/T 51　水质 全盐量的测定 重量法

HJ 479　环境空气 氮氧化物（一氧化氮和二氧化氮）的测定 盐酸萘乙二胺分光光度法

HJ 482　环境空气 二氧化硫的测定 甲醛吸收-副玫瑰苯胺分光光度法

HJ 491　土壤和沉积物 铜、锌、铅、镍、铬的测定 火焰原子吸收分光光度法

HJ 590　环境空气 臭氧的测定 紫外光度法

HJ 597　水质 总汞的测定 冷原子吸收分光光度法

HJ 637　水质 石油类和动植物油类的测定 红外分光光度法

HJ 828　水质 化学需氧量的测定 重铬酸盐法

HJ 889　土壤阳离子交换量的测定 三氯化六氨合钴浸提-分光光度法

NY/T 889　土壤速效钾和缓效钾含量的测定

NY/T 1121.6　土壤检测 第6部分：土壤有机质的测定

NY/T 1121.7　土壤检测 第7部分：土壤有效磷的测定

NY/T 1121.24　土壤检测 第24部分：土壤全氮的测定自动定氮仪法

NY/T 1377　土壤中pH值的测定

SL 355　水质 粪大肠菌群的测定-多管发酵法

3 术语和定义

下列术语和定义适用于本文件。

3.1

饲用燕麦 forage oat

作为饲草利用的禾本科燕麦属一年生草本植物，包括皮燕麦（*Avena sativa* L.）和裸燕麦（*Avena nuda* L.）。

4 气候条件

中温带干旱、半干旱大陆性季风气候；年平均气温在2 ℃~6 ℃，活动积温（≥10 ℃）>1700 ℃；年平均日照时数在2700 h~3100 h；无霜期≥90 d。

5 环境空气质量

产地空气质量应符合表1的规定。

表1 环境空气质量评价指标限值

项　　目		浓　度　限　值		检测方法
		日平均	小时平均	
总悬浮颗粒物(TSP)/（mg／m³）	≤	0.12	——	GB/T 15432
二氧化硫(标准状态)(SO₂)/（mg／m³）	≤	0.04	0.12	HJ 482
二氧化氮(标准状态)(NO₂)/（mg／m³）	≤	0.08	0.12	HJ 479
氟化物(F)/（μg／m³）	≤	7	20	GB/T 7484
铅(标准状态)/（μg／m³）	≤	0.5(年平均)	1(季平均)	GB/T 15264
一氧化碳（CO）/（mg／m³）	≤	4	10	GB/T 9801
臭氧(O₃)/（μg／m³）	≤	8小时平均：160	180	HJ 590
苯并芘[a]/（μg／m³）	≤	0.01	——	GB/T 8971

6 灌溉水质量

灌溉水质量应符合表2的规定。

表2 灌溉水质量指标

项　　目	浓　度　限　值（指标）	检测方法
pH值	6.5~8.5	GB 6920
总镉/（mg/L）	≤0.005	GB 7475
总砷/（mg/L）	≤0.05	GB 7485
总铅/（mg/L）	≤0.1	GB 7475
铬（六价）/（mg/L）	≤0.05	GB 7467
总汞/（mg/L）	≤0.001	HJ 597
化学需氧量（CODcr）/（mg/L）	≤30	HJ 828

表2 灌溉水质量指标（续）

项 目	浓 度 限 值（指标）	检测方法
氟化物/（mg/L）	≤1.2	GB 7484
石油类/（mg/L）	≤1.0	HJ 637
粪大肠菌群/（个/L）	≤10000	SL 355

7 土壤环境质量

土壤环境质量应符合表3的规定。

表3 土壤环境重金属质量标准

项 目	含 量 限 值（指标）			检测方法
	pH＜6.5	6.5≤pH≤7.5	pH＞7.5	NY/T 1377
总汞/（mg/kg）	≤0.25	≤0.30	≤0.35	GB/T 22105.1
总砷/（mg/kg）	≤20	≤20	≤15	GB/T 22105.2
总镉/（mg/kg）	≤0.25	≤0.30	≤0.40	GB/T 17141
总铅/（mg/kg）	≤40	≤50	≤50	GB/T 17141
总铬(六价)/（mg/kg）	≤100	≤100	≤100	HJ 491
总铜/ mg/kg）	≤50	≤60	≤60	HJ 491

8 土壤肥力要求

土壤肥力要求应符合表4的规定。

表4 土壤肥力指标要求

项 目	含 量 限 值（指标）	检测方法
有机质/（g/kg）	≥6	NY/T 1121.6
全氮/（g/kg）	≥0.4	NY/T 1121.24
有效磷/（mg/kg）	≥7	NY/T 1121.7
速效钾/（mg/kg）	≥100	NY/T 889
阳离子交换量C mol(+)/kg	≥10	HJ 889

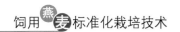
ICS 65.020.20
CCS B 01

DB15

内 蒙 古 自 治 区 地 方 标 准

DB15/T 3336—2024

饲用燕麦旱作栽培技术规程

Code of practice for planting of forage oat in dry farming land

2024-02-23 发布　　　　　　　　　　　　　　　2024-03-23 实施

内蒙古自治区市场监督管理局　　发　布

DB15/T 3336—2024

前　　言

　　本文件按照GB/T 1.1—2020《标准化工作导则　第1部分：标准化文件的结构和起草规则》的规定起草。

　　本文件由内蒙古自治区农牧厅提出。

　　本文件由内蒙古自治区畜牧业标准化技术委员会（SAM/TC 19)归口。

　　本文件起草单位：内蒙古农业大学、内蒙古自治区农牧业科学院、内蒙古自治区农牧业生态与资源保护中心、内蒙古自治区农牧业技术推广中心。

　　本文件主要起草人:米俊珍、赵宝平、刘景辉、武俊英、齐冰洁、徐忠山、王希全、王莹、张志芬、王林、刘红霞、苑志强、白雪、段慧、石泉、马力、吴朝、张娜。

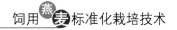
饲用燕麦旱作栽培技术规程

1 范围

本文件规定了饲用燕麦旱作栽培的整地、播种、田间管理、收获等技术要求。

本文件适用于旱作燕麦栽培地区。

2 规范性引用文件

下列文件中的内容通过文中的规范性引用而构成本文件必不可少的条款。其中，注日期的引用文件，仅该日期对应的版本适用于本文件；不注日期的引用文件，其最新版本（包括所有的修改单）适用于本文件。

GB 6142　禾本科草种子质量分级

GB/T 8321.8　农药合理使用准则（八）

NY/T 496　肥料合理使用准则 通则

NY/T 991　牧草收获机械作业质量

NY/T 1276　农药安全使用规范 总则

NY/T 2850　割草压扁机质量评价技术规范

3 术语和定义

下列术语和定义适用于本文件。

3.1

晚播避旱　late sowing for drought avoidance

在旱作条件下，无霜期能满足燕麦生长，通过适期晚播，避开春旱，提高出苗。

4 整地

以秋季翻耕、耙糖为宜，耕翻深度25 cm～30 cm，翻后耙糖、整平，随整地施入1000 kg/667 ㎡～1500 kg/667 ㎡腐熟农家肥或有机肥作为基肥。

5 播种技术

5.1 品种选择

根据种植区域选择抗旱品种种子质量达到二级（含）以上，符合GB 6142规定。

5.2 种子处理

DB15/T 3336—2024

播种前3 d～5 d选无风晴天把种子摊开在干燥向阳处晒2 d～3 d。播前用50%苯菌灵可湿性粉剂、15%三唑酮可湿性粉剂拌种，防治燕麦黑穗病和锈病，用量为种子重量的0.2%～0.3%。农药施用符合GB/T 8321.8和NY/T 1276规定。

5.3　播种时间

春季晚播避旱，大兴安岭丘陵旱作区在4月中旬到6月上旬；通赤山地丘陵旱作区4月下旬到6月上旬；阴山丘陵旱作区4月中下旬到6月上旬；鄂尔多斯高原旱作区4月上旬到6月中旬。

5.4　播种量

皮燕麦播种量15 kg/667 m²～20 kg/667 m²，裸燕麦播种量为10 kg/667 m²～13 kg/667 m²。

5.5　播种方式

采用播种机进行条播，行距 20 cm～25 cm，深度 5 cm，播后镇压。

5.6　种肥

随分层播种机施入，施用纯N 3 kg/667 m²～5 kg/667 m²，P_2O_5 1.5 kg/667 m²～3 kg/667 m²，K_2O 4 kg/667 m²～6 kg/667 m²。肥料使用要符合NY/T 496的规定。

6　田间管理

6.1　追肥

在分蘖期至拔节期结合降雨追施氮肥，施用纯氮2.5 kg/667 m²～3 kg/667 m²。

6.2　喷施腐植酸

6.2.1　腐植酸水溶肥料选择

选择腐植酸含量大于等于30 g/L，$N+P_2O_5+K_2O$含量大于等于200 g/L的腐植酸水溶性肥料。腐植酸水溶肥料使用符合NY 1106规定。

6.2.2　喷施时期、浓度

在燕麦拔节期、抽穗期、灌浆期各喷施1次，腐植酸水溶性肥料用量100 mL/667 m²。无人机喷施时原液对水稀释50倍喷雾，自走式喷雾机喷施时对水稀释500倍喷雾。

6.3　病虫草害防治

病虫草害防治执行本体系病虫草害防治标准。

7　收获

乳熟末期至蜡熟初期采用压扁割草机进行刈割，留茬高度5 cm～8 cm。收获质量应符合NY/T 991和NY/T 2850的规定。

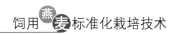

ICS 65.020.20
CCS B 05

DB15

内 蒙 古 自 治 区 地 方 标 准

DB15/T 3337—2024

饲用燕麦盐碱地种植规范

Regulations for planting forage oat in saline-alkali Land

2024-02-23 发布 2024-03-23 实施

内蒙古自治区市场监督管理局 发 布

前　言

本文件按照GB/T 1.1—2020《标准化工作导则　第1部分：标准化文件的结构和起草规则》的规定起草。

本文件由内蒙古自治区农牧厅提出。

本文件由内蒙古自治区畜牧业标准化技术委员会（SAM/TC 19）归口。

本文件起草单位：中国农业科学院草原研究所、呼和浩特市农牧技术推广中心、内蒙古圣牧高科牧业有限公司、呼和浩特市林业和草原综合行政执法支队、呼和浩特市林业和草原建设服务中心、现代草业有限公司。

本文件主要起草人：闫伟红、师文贵、林克剑、黄海、罗四维、田青松、李元恒、德英、段俊杰、穆怀彬、王凯、徐春波、高凤芹、乌兰巴特尔、孟利军、吴海岩、梅雪、郑成忠、黄勇强、乔春晖、房丽宁。

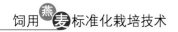
饲用燕麦盐碱地种植规范

1 范围

本文件规定了饲用燕麦种植选地、整地、品种选择、播种、田间管理、病虫害防治及收获技术要求。本文件适用于土壤含盐量≤0.31%、pH值≤9.0的盐碱地。

2 规范性引用文件

下列文件中的内容通过文中的规范性引用而构成本文件必不可少的条款。其中,注日期的引用文件,仅该日期对应的版本适用于本文件;不注日期的引用文件,其最新版本(包括所有的修改单)适用于本文件。

GB 5084　农田灌溉水质标准

GB 6142　禾本科草种子质量分级

GB/T 8321.10　农药合理使用准则（十）

NY/T 496　肥料合理使用准则通则

NY/T 1276　农药安全使用规范总则

DB15/T 1400　燕麦田杂草防除技术规程

3 术语和定义

下列术语和定义适用于本文件。

3.1

饲用燕麦　forage oat

作为饲草利用的禾本科燕麦属一年生草本植物,包括皮燕麦（*Avena sativa* L.）和裸燕麦（*Avena nuda* L.）。

3.2

盐碱地　saline-alkali Land

本文件限定土壤含盐量≤0.31%、pH值≤9.0的盐碱地。

3.3

粉垄耕作　fenlong tillage

采用自走式粉垄机械"螺旋钻头"代替传统"犁头",在农田里垂直入土30 cm～50 cm深旋耕一次性均匀碎土完成整地作业的一种垄种农业耕作技术。采取粉垄耕作技术,有利于盐碱土脱盐排碱。

4 选地与整地

DB15/T 3337—2024

4.1 选地

选择地势平坦，土质疏松，耕层深厚，排灌设施配套齐全的轻度盐碱地。

4.2 整地

4.2.1 基肥

结合春耕和夏播整地，用腐熟的有机牛、羊粪作基肥，一般用量为 1200 kg/667 ㎡～2400 kg/667 ㎡，将基肥均匀撒施在地表，然后翻入土壤中。

4.2.2 生物有机肥

施用商品生物有机肥（含腐熟羊粪、腐殖酸、枯草芽孢杆菌、地衣芽孢杆菌、豆饼等）400 kg/667 ㎡～800 kg/667 ㎡，或商品有机无机复混肥（含 N、P_2O_5、K_2O、生物酶活性有机物质）120 kg/667 ㎡，或商品有机肥（含褐煤基）200 kg/667 ㎡～300 kg/667 ㎡，或有机羊粪 4000 kg/667 ㎡结合生物菌剂 20 kg/667 ㎡～100 kg/667 ㎡以上。与基肥配合使用，用量用法按照产品说明使用，随同整地旋耕翻入土壤中。

4.2.3 粉垄耕作

中西部区粉垄机械作业深度为 30 cm～40 cm，东部区粉垄机械作业深度为 20 cm～30 cm，其耕作深度还可依据需求进行调整。之后精细整地，使土地平整，土层上虚下实，达到土壤细碎，形成 10 cm～15 cm 的松土层，利于早出苗和出齐苗，晾晒 3 d～5 d。

5 品种选择

根据当地的自然条件，选择适宜在当地轻度盐碱地种植的耐盐碱能力强的饲用燕麦审定品种。种子质量应符合 GB 6142 规定的二级（含二级）标准以上无病害及虫卵的健康种子。

6 播种

6.1 播期

春播区，土壤解冻 5 cm 地温在 3 ℃～5 ℃，土壤墒情适宜，即可播种；夏播区，不晚于 7 月 20 日播种。

6.2 播量

饲用燕麦播种量 14.00 kg/667 ㎡～16.00 kg/667 ㎡。

6.3 播种方法

条播，行距为 15 cm～18 cm。

6.4 播种深度

播深 3.0 cm～5.0 cm，播后覆土镇压。

6.5 种肥

播种时，施用磷酸二铵 5 kg/667 ㎡～7 kg/667 ㎡。按照 NY/T 496 肥料合理使用准则通则的要求执行。随播种机播种时播入土壤当中。

7 田间管理

7.1 苗期灌水

在播种后根据土壤墒情，适时保苗灌水，建议采取喷灌和滴灌，严格控制水量，不宜使土壤过湿。

7.2 追肥

分蘖期至拔节期追肥，撒施或叶面喷施。结合灌溉，分 1～2 次追施尿素 2.5 kg/667 ㎡～6 kg/667 ㎡，或氮磷钾复合肥 10 kg/667 ㎡～12 kg/667 ㎡。按照 NY/T 496 肥料合理使用准则通则的要求执行。

7.3 生长期灌水

于三叶期至分蘖期灌水 1 次，在分蘖期、拔节期视土壤墒情结合饲用燕麦生长和追肥情况，适时适量灌溉 1～2 次。一般每次灌水量为 10 ㎥/667 ㎡～20 ㎥/667 ㎡。有灌水条件的地方，如遇春旱，可增加灌水次数。灌溉水质量应符合 GB 5084 要求。建立完善的排水系统，遇大量降水后要及时排水防涝。

7.4 除草

采用化学除草，按照 DB15/T 1400 方法实施。

8 病虫害防治

锈病、黑穗病、红叶病和蚜虫、粘虫等发生危害时，选用高效、低毒、无残留的农药进行防治。农药喷施按照 GB/T 8321.10、NY/T 1276 要求执行。

9 收获

9.1 收获时期

调制青干草或青刈，在乳熟期；制作青贮饲料，在乳熟末期至腊熟初期。

9.2 留茬高度

留茬5 cm～8 cm。

ICS　65.020.20
CCS　B 05

DB15

内 蒙 古 自 治 区 地 方 标 准

DB15/T 3338—2024

饲用燕麦沙地栽培技术规程

Code of practice for planting of forage oat in sandy soil

2024-02-23 发布　　　　　　　　　　2024-03-23 实施

内蒙古自治区市场监督管理局　　发 布

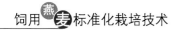

DB15/T 3338—2024

前　言

本文件按照GB/T 1.1—2020《标准化工作导则　第1部分：标准化文件的结构和起草规则》的规定起草。

本文件由内蒙古自治区农牧厅提出。

本文件由内蒙古自治区畜牧业标准化技术委员会（SAM/TC 19)归口。

本文件起草单位：内蒙古农业大学、内蒙古自治区农牧业科学院、内蒙古草业技术创新中心有限公司、内蒙古自治区农牧业生态与资源保护中心、内蒙古自治区农牧业技术推广中心。

本文件主要起草人:米俊珍、刘景辉、赵宝平、王希全、武俊英、齐冰洁、徐忠山、王莹、张志芬、王林、田振东、苑志强、段慧、白雪、刘红霞、包立高、蔡婷、宿春伟、王静。

DB15/T 3338—2024

饲用燕麦沙地栽培技术规程

1 范围

本文件规定了沙地种植条件下栽培的备耕、播种技术、田间管理、收获等技术要求。

本文件适用于沙地燕麦栽培与管理。

2 规范性引用文件

下列文件中的内容通过文中的规范性引用而构成本文件必不可少的条款。其中,注日期的引用文件,仅该日期对应的版本适用于本文件;不注日期的引用文件,其最新版本(包括所有的修改单)适用于本文件。

GB 5084 农田灌溉水质标准

GB 6142 禾本科草种子质量分级

NY/T 496 肥料合理使用准则 通则

NY/T 991 牧草收获机械作业质量

NY/T 2850 割草压扁机质量评价技术规范

3 术语和定义

下列术语和定义适用于本文件。

3.1

沙地 sandy soil

由于各种因素形成的地表呈现以沙质土为主的耕地和人工草地。

4 备耕

4.1 选地

选择有灌溉条件的沙地。

4.2 整地

秋季或春季播前翻耕10 cm～15 cm,结合整地一次性施入1000 kg/667 ㎡～1500 kg/667 ㎡腐熟农家肥或有机肥、施用聚丙烯酸钾类保水剂4 kg/667 ㎡。

5 播种技术

5.1 品种选择

选用生育期100 d左右，抗逆性强的品种，种子质量达到二级（含）以上，符合GB 6142规定。

5.2 种子处理

播种前3 d-5 d选无风晴天把种子摊开在干燥向阳处晒2 d～3 d。可用浓度为1 g/L黄腐酸稀释200倍浸种9 h后在室温下阴干播种。

5.3 播种时间

5 cm土层土壤温度稳定在5 ℃以上即可播种。

5.4 播种量

皮燕麦播种量12 kg/667 m²～15 kg/667 m²，裸燕麦播种量为 8 kg/667 m²～10 kg/667 m²。

5.5 播种方式

播种深度为3 cm～5 cm，行距15 cm～20 cm，播后镇压。

6 田间管理

6.1 种肥

随播种分层施入，施用纯N 4 kg/667 m²～6 kg/667 m²、P_2O_5 2 kg/667 m²～4 kg/667 m²、K_2O 2 kg/667 m²～3 kg/667 m²。肥料使用符合NY/T 496的规定。

6.2 追肥

分蘖期、拔节期结合灌溉或降雨追施氮肥，施用纯氮2.5 kg/667 m²～3 kg/667 m²。肥料使用要符合NY/T 496的规定。

6.3 灌溉

6.3.1 灌溉方式

滴灌、微喷灌方式。

6.3.2 灌溉时间

在播种后、拔节期和抽穗期视土壤墒情进行灌溉。水质符合GB 5084的规定。

6.4 病虫草害防治

除禁止使用封闭除草剂除草外，其他病虫草害防治执行本体系病虫草害防治标准。

7 收获

乳熟末期至蜡熟初期采用压扁割草机进行刈割，留茬高度5 cm～8 cm。收获质量应符合NY/T 991和NY/T 2850的规定。

ICS 65.020.20
CCS B 05

DB15

内 蒙 古 自 治 区 地 方 标 准

DB15/T 3339—2024

内蒙古西部小麦复种饲用燕麦技术规程

Code of practice of forage oats following wheat in west inner
Mongolia

2024-02-23 发布　　　　　　　　　　　　2024-03-23 实施

内蒙古自治区市场监督管理局　　发　布

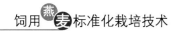
前　言

本文件按照GB/T 1.1—2020《标准化工作导则　第1部分：标准化文件的结构和起草规则》的规定起草。

本文件由内蒙古自治区农牧厅提出。

本文件由内蒙古自治区畜牧业标准化专业技术委员会（SAM/TC 19)归口。

本文件起草单位：内蒙古自治区农牧业科学院、巴彦淖尔市农牧业科学研究所、呼和浩特市农牧技术推广中心、巴彦淖尔市现代农牧事业发展中心、临河区农业技术推广中心。

本文件主要起草人：白春利、刘琳、席先梅、田永雷、何忠萍、郝林凤、王静、张琼琳、慕宗杰、娜仁格日乐、陈锵、王建华、黄海、刘政、徐广祥、霍春霞、高慧成、代丞、王杨、刘偲琪。

内蒙古西部小麦复种饲用燕麦技术规程

1　范围

本文件规定了内蒙古西部小麦复种饲用燕麦的种子准备、选地与整地、滴灌管铺设方式、播种、田间管理、收获等。

本文件适用于内蒙古西部无霜期130 d以上的具有灌溉条件的小麦田。

2　规范性引用文件

下列文件中的内容通过文中的规范性引用而构成本文件必不可少的条款。其中，注日期的引用文件，仅该日期对应的版本适用于本文件；不注日期的引用文件，其最新版本（包括所有的修改单）适用于本文件。

GB 6142　禾本科草种子质量分级

GB/T 8321　（所有部分）农药合理使用准则

GB/T 19812.3　塑料节水灌溉器材 第3部分：内镶式滴灌管及滴灌带

NY/T 496　肥料合理使用准则 通则

NY/T 1276　农药安全使用规范总则

DB15/T 2097　燕麦滴灌高产高效栽培技术规程

3　术语和定义

下列术语和定义适用于本文件。

3.1

小麦复种饲用燕麦　multiple cropping of forage oats following wheat

同一地块，同一生长季内春播小麦收获后种植饲用燕麦的方式。

4　种子准备

4.1　品种选择

选用适应当地生态条件、生育期85 d～105 d的早熟或中早熟饲用燕麦品种。

4.2　种子质量

饲用燕麦应选用符合GB 6142规定的二级（含二级）以上的种子。

5　选地与整地

5.1　选地

DB15/T 3339—2024

选择无霜期130 d以上的具有灌溉条件的小麦田。

5.2 整地

前茬小麦收获后，深翻25 cm以上，旋耕、耙糖镇压。

6 滴灌管铺设方式

选择适宜的滴灌方式，管网布置主要以"王"字形布置，主管与支管和毛管之间互相垂直，作物种植方向与毛管铺设方向平行，按照DB15/T 2097标准执行。

7 播种

7.1 播种时间

小麦收获后尽早播种饲用燕麦，7月底完成播种作业。

7.2 播种量

10 kg/667 m²～15 kg/667 m²。

7.3 播种

采用铺带、种肥一体机条播。

播种深度3 cm～4 cm，行距15 cm～18 cm。

滴灌带选择符合GB/T 19812.3的规定，带间距60 cm。

种肥在播种时利用种肥一体机施入，每亩施氮磷钾复合肥20 kg为宜，肥料施用符合NY/T 496要求。

8 田间管理

8.1 灌溉

播种完成后及时灌水1次，灌水量30 m³/667 m²。

在分蘖期、拔节期、孕穗期灌溉，每次30 m³/667 m²～35 m³/667 m²。

8.2 追肥

结合灌溉施肥。分蘖期、拔节期追施尿素7.5 kg/667 m²，孕穗期追施尿素4 kg/667 m²或等量速溶性肥料，肥料施用符合NY/T 496要求。

8.3 病虫害防治

病虫害防治药剂选择和使用按照GB/T 8321和NY/T 1276要求执行。

9 收获方法

9.1 收获时间

乳熟期刈割。

9.2　刈割方法

刈割前先将滴灌带回收，之后选择带压扁功能的收割机进行刈割，留茬高度5 cm～8 cm。

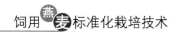

ICS 65.020.01
CCS B 05

DB15

内 蒙 古 自 治 区 地 方 标 准

DB15/T 3340—2024

饲用燕麦测土配方施肥技术规程

Code of practice for soil testing and formula fertilization for the
forage oat production

2024-02-23 发布   2024-03-23 实施

内蒙古自治区市场监督管理局   发 布

前　言

　　本文件按照GB/T 1.1—2020《标准化工作导则　第1部分：标准化文件的结构和起草规则》的规定起草。

　　本文件由内蒙古自治区农牧厅提出。

　　本文件由内蒙古自治区畜牧业标准化技术委员会（SAM/TC 19）归口。

　　本文件起草单位：中国农业科学院草原研究所、呼和浩特市农牧技术推广中心、兴安盟林业和草原工作站、内蒙古农业大学、内蒙古伊禾绿锦农业发展有限公司、内蒙古伊利实业集团股份有限公司、五原县农牧业技术推广中心、托克托县农牧技术推广中心、托克托县农畜产品安全中心。

　　本文件主要起草人：陶雅、李峰、李文龙、王建华、姜永成、靳慧卿、那亚、刘美英、黄海、魏晓斌、王欢、张彩霞、韩春燕、李建忠、郭云汉、任恒、张雄飞、闫瑞清。

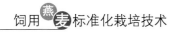

饲用燕麦测土配方施肥技术规程

1 范围

本文件规定了饲用燕麦测土配方施肥技术的术语和定义、土壤样品采集与制备、土壤养分测定、施肥量确定、配方肥料设计、施肥。

本文件适用于饲用燕麦栽培区域的测土配方施肥。

2 规范性引用文件

下列文件中的内容通过文中的规范性引用而构成本文件必不可少的条款。其中，注日期的引用文件，仅该日期对应的版本适用于本文件；不注日期的引用文件，其最新版本（包括所有的修改单）适用于本文件。

NY/T 53　土壤全氮测定法（半微量开氏法）

NY/T 496　肥料合理使用准则 通则

NY/T 889　土壤速效钾和缓效钾含量的测定

NY/T 1121.2　土壤检测 第2部分：土壤 pH 的测定

NY/T 1121.7　土壤检测 第7部分：土壤有效磷的测定

NY/T 2911　测土配方施肥技术规程

3 术语和定义

下列术语和定义适用于本文件。

3.1

测土配方施肥　soil testing and formulated fertilization

以田间试验和土壤测试为基础，根据饲用燕麦需肥规律、土壤供肥性能和肥料效应，在合理施用有机肥的基础上，提出氮、磷、钾等肥料的施用数量、配比、施用时期和施用方法。

3.2

目标产量　target yield

生产者在种植区域结合水热条件、栽培品种等制定的预期产量。

4 土壤样品的采集与制备

土壤样品的采集与制备按NY/T 2911中规定执行。

5 土壤养分测定

DB15/T 3340—2024

5.1　土壤 pH 值

按照NY/T 1121.2规定执行。

5.2　土壤有机质

按照 NY/T 1121.2 规定执行。

5.3　土壤全氮

按照NY/T 53规定执行。

5.4　土壤水解性氮

按照LY/T 1229规定执行。

5.5　土壤有效磷

按照NY/T 1121.7规定执行。

5.6　土壤速效钾

按照NY/T 889规定执行。

6　施肥量确定

6.1　目标产量

在种植区域前三年饲用燕麦平均产量的基础上增加5%～20%设为目标产量（见表1）。

表1　内蒙古地区饲用燕麦高中低产田产量

类型	前三年平均产量（kg/667 ㎡，干草）		目标产量增幅
	旱作	灌溉	（%）
低产田	<320	<480	15～20
中产田	320～480	480～720	10～15
高产田	>480	>720	5～10

6.2　饲用燕麦需肥量

6.2.1　播种前施用适量（1500 kg/667 ㎡）有机肥作为底肥后，根据土壤养分测定状况，计算增加氮、磷、钾肥的施用量。

6.2.2　根据刈割期100 kg饲用燕麦全株养分含量，计算出达到目标产量所需的养分数量（即饲用燕麦需肥量）。

6.2.3　每形成100 kg饲用燕麦干草需要的养分含量（参考值）：纯氮 1.42 kg、五氧化二磷1.01 kg、氧化钾3.71 kg。

6.3　目标产量需肥量

目标产量总需肥量（M）见公式1：

$$M = \frac{U}{100} \times Y \quad \text{.................................} \quad (1)$$

式中：

M——目标产量总需肥量（kg/667 m²）；

U ——每形成100 kg干草产量所需养分数量（kg）；

Y ——目标产量（kg/667 m²）；

6.4 土壤供肥量

土壤供肥量（S）见公式2：

$$S = \frac{U}{100} \times Q \quad \text{.................................} \quad (2)$$

式中：

S ——土壤供肥量（kg/667 m²）；

U ——每形成100 kg干草产量所需养分数量（kg）；

Q ——不施肥区饲用燕麦产量（kg/667 m²）。

6.5 肥料利用率

肥料利用率（R）采用见公式3：

$$R = \frac{N_1 - N_0}{D \times X} \quad \text{.................................} \quad (3)$$

式中：

R ——肥料当季利用率（%）。

N_1 ——施肥区养分吸收量（kg/667 m²）；

N_0 ——缺素区养分吸收量（kg/667 m²）；

D——肥料施用量（kg/667 m²）。

X ——肥料中该养分含量（%）。

6.6 施肥量

根据饲用燕麦目标产量需肥量与土壤供肥量之差即可获得施肥量，施肥量（Y）见公式4：

$$Y = \frac{M - S}{X \times R} \quad \text{.................................} \quad (4)$$

式中：

Y——施肥量（kg/667 m²）；

M——目标产量总需肥量（kg/667 m²）；

S ——土壤供肥量（kg/667 m²）；

X——肥料中该养分含量（%）；

R——肥料当季利用率（%）。

7 配方肥料用量设计

确定达到目标产量所需的氮、磷、钾用量后，根据土壤养分丰缺状况及肥料利用率，选择合适的肥料进行配比施用，参照附录A。

DB15/T 3340—2024

8 施肥

8.1 配方施肥原则

配方施肥原则按NY/T 496中规定执行。

8.2 施肥时期

8.2.1 基肥：播种前施用。

8.2.2 种肥：播种时施用。

8.2.3 追肥：追肥原则为前促后控，第一次追肥于分蘖-拔节期进行；第二次追肥在抽穗期前（燕麦叶片颜色变浅）进行。

8.3 肥料分配

饲用燕麦不同生育期施用氮磷钾肥比例见表2。

表2 饲用燕麦不同生育期肥料分配比例

施肥时期	氮肥 （纯氮）	磷肥 （P_2O_5）	钾肥 （K_2O）
种肥	30%	100%	100%
分蘖-拔节期追肥	55%	0	0
抽穗期前追肥	15%	0	0

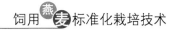
附 录 A

（资料性）

基于饲用燕麦目标产量的肥料推荐施用量

A.1 基于饲用燕麦目标产量的氮肥推荐施用量见表A.1。

表A.1 基于饲用燕麦目标产量的氮肥推荐施用量

目标产量（kg/667 m²，干草）	氮肥当季利用率	目标产量较基础产量增产比例（%）					
		15%～20%		10%～15%		5%～10%	
		基础产量（kg/667 m²，干草）	达到目标产量推荐施氮量（N，kg/667 m²）	基础产量（kg/667 m²，干草）	达到目标产量推荐施氮量（N，kg/667 m²）	基础产量（kg/667 m²，干草）	达到目标产量推荐施氮量（N，kg/667 m²）
300	0.50	250～261	1.11～1.42	261～273	0.77～1.11	273～286	0.40～0.77
	0.45		1.23～1.58		0.85～1.23		0.44～0.85
	0.40		1.38～1.78		0.96～1.38		0.50～0.96
	0.35		1.58～2.03		1.10～1.58		0.57～1.10
	0.30		1.85～2.37		1.28～1.85		0.66～1.28
	0.25		2.22～2.84		1.53～2.22		0.80～1.53
400	0.50	333～348	1.48～1.90	348～364	1.02～1.48	364～381	0.54～1.02
	0.45		1.64～2.11		1.14～1.64		0.60～1.14
	0.40		1.85～2.38		1.28～1.85		0.67～1.28
	0.35		2.11～2.72		1.46～2.11		0.77～1.46
	0.30		2.46～3.17		1.7～2.46		0.90～1.70
	0.25		2.95～3.81		2.04～2.95		1.08～2.04
500	0.50	417～435	1.85～2.36	435～455	1.28～1.85	455～476	0.68～1.28
	0.45		2.05～2.62		1.42～2.05		0.76～1.42
	0.40		2.31～2.95		1.60～2.31		0.85～1.60
	0.35		2.64～3.37		1.83～2.64		0.97～1.83
	0.30		3.08～3.93		2.13～3.08		1.14～2.13
	0.25		3.69～4.71		2.56～3.69		1.36～2.56
600	0.50	500～522	2.22～2.84	522～545	1.56～2.22	545～571	0.82～1.56
	0.45		2.46～3.16		1.74～2.46		0.92～1.74
	0.40		2.77～3.55		1.95～2.77		1.03～1.95
	0.35		3.16～4.06		2.23～3.16		1.18～2.23
	0.30		3.69～4.73		2.60～3.69		1.37～2.60
	0.25		4.43～5.68		3.12～4.43		1.65～3.12
700	0.50	583～609	2.58～3.32	609～636	1.82～2.58	636～667	0.94～1.82
	0.45		2.87～3.69		2.02～2.87		1.04～2.02
	0.40		3.23～4.15		2.27～3.23		1.17～2.27
	0.35		3.69～4.75		2.6～3.69		1.34～2.60
	0.30		4.31～5.54		3.03～4.31		1.56～3.03
	0.25		5.17～6.65		3.64～5.17		1.87～3.64
	0.25		5.91～7.55		4.15～5.91		2.16～4.15

DB15/T 3340—2024

表A.1　基于饲用燕麦目标产量的氮肥推荐施用量（续）

目标产量 （kg/667 m²， 干草）	氮肥当季 利用率	目标产量较基础产量增产比例（%）					
		15%～20%		10%～15%		5%～10%	
		基础产量 （kg/667 m²， 干草）	达到目标产量 推荐施氮量 （N，kg/667 m²）	基础产量 （kg/667 m²， 干草）	达到目标产量 推荐施氮量 （N，kg/667 m²）	基础产量 （kg/667 m²， 干草）	达到目标产量 推荐施氮量 （N，kg/667 m²）
800	0.50	667～696	2.95～3.78	696～727	2.07～2.95	727～762	1.08～2.07
	0.45		3.28～4.20		2.3～3.28		1.20～2.30
	0.40		3.69～4.72		2.59～3.69		1.35～2.59
	0.35		4.22～5.40		2.96～4.22		1.54～2.96
	0.30		4.92～6.30		3.46～4.92		1.80～3.46
	0.25		5.91～7.55		4.15～5.91		2.16～4.15
900	0.50	750～783	3.32～4.26	783～818	2.33～3.32	818～857	1.22～2.33
	0.45		3.69～4.73		2.59～3.69		1.36～2.59
	0.40		4.15～5.33		2.91～4.15		1.53～2.91
	0.35		4.75～6.09		3.33～4.75		1.74～3.33
	0.30		5.54～7.10		3.88～5.54		2.04～3.88
	0.25		6.65～8.52		4.66～6.65		2.44～4.66

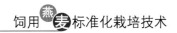
A.2 基于饲用燕麦目标产量的磷肥推荐施用量见表 A.2。

表A.2 基于饲用燕麦目标产量的磷肥推荐施用量

目标产量（kg/667 m²，干草）	磷肥当季利用率	目标产量较基础产量增产比例（%）					
		15%~20%		10%~15%		5%~10%	
		基础产量（kg/667 m²，干草）	达到目标产量推荐施磷量（P₂O₅，kg/667 m²）	基础产量（kg/667 m²，干草）	达到目标产量推荐施磷量（P₂O₅，kg/667 m²）	基础产量（kg/667 m²，干草）	达到目标产量推荐施磷量（P₂O₅，kg/667 m²）
300	0.35	250~261	1.13~1.44	261~273	0.78~1.13	273~286	0.40~0.78
	0.30		1.31~1.68		0.91~1.31		0.47~0.91
	0.25		1.58~2.02		1.09~1.58		0.57~1.09
	0.20		1.97~2.53		1.36~1.97		0.71~1.36
	0.15		2.63~3.37		1.82~2.63		0.94~1.82
	0.10		3.94~5.05		2.73~3.94		1.41~2.73
400	0.35	333~348	1.50~1.93	348~364	1.04~1.50	364~381	0.55~1.04
	0.30		1.75~2.26		1.21~1.75		0.64~1.21
	0.25		2.10~2.71		1.45~2.10		0.77~1.45
	0.20		2.63~3.38		1.82~2.63		0.96~1.82
	0.15		3.50~4.51		2.42~3.50		1.28~2.42
	0.10		5.25~6.77		3.64~5.25		1.92~3.64
500	0.35	417~435	1.88~2.40	435~455	1.30~1.88	455~476	0.69~1.30
	0.30		2.19~2.79		1.52~2.19		0.81~1.52
	0.25		2.63~3.35		1.82~2.63		0.97~1.82
	0.20		3.28~4.19		2.27~3.28		1.21~2.27
	0.15		4.38~5.59		3.03~4.38		1.62~3.03
	0.10		6.57~8.38		4.55~6.57		2.42~4.55
600	0.35	500~522	2.25~2.89	522~545	1.59~2.25	545~571	0.84~1.59
	0.30		2.63~3.37		1.85~2.63		0.98~1.85
	0.25		3.15~4.04		2.22~3.15		1.17~2.22
	0.20		3.94~5.05		2.78~3.94		1.46~2.78
	0.15		5.25~6.73		3.70~5.25		1.95~3.70
	0.10		7.88~10.10		5.56~7.88		2.93~5.56
700	0.35	583~609	2.63~3.38	609~636	1.85~2.63	636~667	0.95~1.85
	0.30		3.06~3.94		2.15~3.06		1.11~2.15
	0.25		3.68~4.73		2.59~3.68		1.33~2.59
	0.20		4.60~5.91		3.23~4.60		1.67~3.23
	0.15		6.13~7.88		4.31~6.13		2.22~4.31
	0.10		9.19~11.82		6.46~9.19		3.33~6.46
800	0.35	667~696	3.00~3.84	696~727	2.11~3.00	727~762	1.10~2.11
	0.30		3.50~4.48		2.46~3.50		1.28~2.46
	0.25		4.20~5.37		2.95~4.20		1.54~2.95
	0.20		5.25~6.72		3.69~5.25		1.92~3.69
	0.15		7.00~8.96		4.92~7.00		2.56~4.92
	0.10		10.5~13.43		7.37~10.5		3.84~7.37

DB15/T 3340—2024

表A.2　基于饲用燕麦目标产量的磷肥推荐施用量（续）

目标产量 （kg/667 m²， 干草）	磷肥当季 利用率	目标产量较基础产量增产比例（%）					
		15%～20%		10%～15%		5%～10%	
		基础产量 （kg/667 m²， 干草）	达到目标产量 推荐施磷量 （P₂O₅，kg/667 m²）	基础产量 （kg/667 m²， 干草）	达到目标产量 推荐施磷量 （P₂O₅， kg/667 m²）	基础产量 （kg/667 m²， 干草）	达到目标产量 推荐施磷量 （P₂O₅，kg/667 m²）
900	0.35	750～783	3.38～4.33	783～818	2.37～3.38	818～857	1.24～2.37
	0.30		3.94～5.05		2.76～3.94		1.45～2.76
	0.25		4.73～6.06		3.31～4.73		1.74～3.31
	0.20		5.91～7.58		4.14～5.91		2.17～4.14
	0.15		7.88～10.10		5.52～7.88		2.90～5.52
	0.10		11.82～15.15		8.28～11.82		4.34～8.28

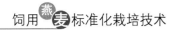

饲用燕麦标准化栽培技术

DB15/T 3340—2024

A.3 基于饲用燕麦目标产量的钾肥推荐施用量见表 A.3。

表A.3 基于饲用燕麦目标产量的钾肥推荐施用量

目标产量（kg/667 m²，干草）	钾肥当季利用率	目标产量较基础产量增产比例（%）					
		15%～20%		10%～15%		5%～10%	
		基础产量（kg/667 m²，干草）	达到目标产量推荐施钾量（K₂O，kg/667 m²）	基础产量（kg/667 m²，干草）	达到目标产量推荐施钾量（K₂O，kg/667 m²）	基础产量（kg/667 m²，干草）	达到目标产量推荐施钾量（K₂O，kg/667 m²）
300	0.60	250～261	2.41～3.09	261～273	1.67～2.41	273～286	0.87～1.67
	0.55		2.63～3.37		1.82～2.63		0.94～1.82
	0.50		2.89～3.71		2.00～2.89		1.04～2.00
	0.45		3.22～4.12		2.23～3.22		1.15～2.23
	0.40		3.62～4.64		2.50～3.62		1.30～2.50
	0.35		4.13～5.30		2.86～4.13		1.48～2.86
400	0.60	333～348	3.22～4.14	348～364	2.23～3.22	364～381	1.17～2.23
	0.55		3.51～4.52		2.43～3.51		1.28～2.43
	0.50		3.86～4.97		2.67～3.86		1.41～2.67
	0.45		4.29～5.52		2.97～4.29		1.57～2.97
	0.40		4.82～6.21		3.34～4.82		1.76～3.34
	0.35		5.51～7.10		3.82～5.51		2.01～3.82
500	0.60	417～435	4.02～5.13	435～455	2.78～4.02	455～476	1.48～2.78
	0.55		4.38～5.60		3.04～4.38		1.62～3.04
	0.50		4.82～6.16		3.34～4.82		1.78～3.34
	0.45		5.36～6.84		3.71～5.36		1.98～3.71
	0.40		6.03～7.70		4.17～6.03		2.23～4.17
	0.35		6.89～8.80		4.77～6.89		2.54～4.77
600	0.60	500～522	4.82～6.18	522～545	3.40～4.82	545～571	1.79～3.40
	0.55		5.26～6.75		3.71～5.26		1.96～3.71
	0.50		5.79～7.42		4.08～5.79		2.15～4.08
	0.45		6.43～8.24		4.53～6.43		2.39～4.53
	0.40		7.23～9.28		5.10～7.23		2.69～5.10
	0.35		8.27～10.6		5.83～8.27		3.07～5.83
700	0.60	583～609	5.63～7.23	609～636	3.96～5.63	636～667	2.04～3.96
	0.55		6.14～7.89		4.32～6.14		2.23～4.32
	0.50		6.75～8.68		4.75～6.75		2.45～4.75
	0.45		7.50～9.65		5.28～7.50		2.72～5.28
	0.40		8.44～10.85		5.94～8.44		3.06～5.94
	0.35		9.65～12.40		6.78～9.65		3.50～6.78
800	0.60	667～696	6.43～8.22	696～727	4.51～6.43	727～762	2.35～4.51
	0.55		7.02～8.97		4.92～7.02		2.56～4.92
	0.50		7.72～9.87		5.42～7.72		2.82～5.42
	0.45		8.57～10.97		6.02～8.57		3.13～6.02
	0.40		9.65～12.34		6.77～9.65		3.52～6.77
	0.35		11.02～14.10		7.74～11.02		4.03～7.74

表A.3 基于饲用燕麦目标产量的钾肥推荐施用量（续）

目标产量（kg/667 m²，干草）	钾肥当季利用率	目标产量较基础产量增产比例（%）					
		15%～20%		10%～15%		5%～10%	
		基础产量（kg/667 m²，干草）	达到目标产量推荐施钾量（K₂O，kg/667 m²）	基础产量（kg/667 m²，干草）	达到目标产量推荐施钾量（K₂O，kg/667 m²）	基础产量（kg/667 m²，干草）	达到目标产量推荐施钾量（K₂O，kg/667 m²）
900	0.60	750～783	7.23～9.28	783～818	5.07～7.23	818～857	2.66～5.07
	0.55		7.89～10.12		5.53～7.89		2.90～5.53
	0.50		8.68～11.13		6.08～8.68		3.19～6.08
	0.45		9.65～12.37		6.76～9.65		3.55～6.76
	0.40		10.85～13.91		7.61～10.85		3.99～7.61
	0.35		12.40～15.90		8.69～12.40		4.56～8.69

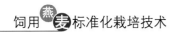
ICS 65.020.01
CCS B 16

DB15

内 蒙 古 自 治 区 地 方 标 准

DB15/T 3341—2024

饲用燕麦主要病虫害综合防控技术规程

Technical regulations for integrated control of major pests in
forage oats

2024-02-23 发布　　　　　　　　　　　　　2024-03-23 实施

内蒙古自治区市场监督管理局　　发　布

DB15/T 3341—2024

前 言

本文件按照GB/T 1.1—2020《标准化工作导则 第1部分：标准化文件的结构和起草规则》的规定起草。

本文件由内蒙古自治区农牧厅提出。

本文件由内蒙古自治区畜牧业标准化技术委员会（SAM/TC 19)归口。

本文件起草单位：内蒙古自治区农牧业科学院、中国农业科学院草原研究所、呼和浩特市农牧局综合保障中心、呼和浩特市农牧技术推广中心。

本文件主要起草人：席先梅、徐林波、霍宏丽、康文钦、张冬梅、孔庆全、陈文晋、张溪、贺小勇、郭婷、范雅芳、韩平安、聂利珍、刘才国、赵亮、朝鲁门、杨帆。

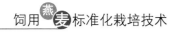
饲用燕麦主要病虫害综合防控技术规程

1 范围

本文件规定了饲用燕麦主要病虫害的综合防控技术，其中包括：防治对象、防治原则、抗性品种、农业防治、物理防治、生物防治和化学防治技术。

本文件适用于饲草燕麦病虫害防控。

2 规范性引用文件

下列文件中的内容通过文中的规范性引用而构成本文件必不可少的条款。其中，注日期的引用文件，仅该日期对应的版本适用于本文件；不注日期的引用文件，其最新版本（包括所有的修改单）适用于本文件。

GB 4404.4 粮食作物种子 第4部分：燕麦

GB/T 8321 （所有部分）农药合理使用准则

NY/T 1276 农药安全使用规范总则

DB15/T 1402 燕麦红叶病综合防控技术规程

3 术语和定义

下列术语和定义适用于本文件。

3.1

饲用燕麦 forage oat

作为饲草利用的禾本科燕麦属一年生草本植物，包括皮燕麦（*Avena sativa* L.）和裸燕麦（*Avena nuda* L.）。

4 防治对象

4.1 害虫

本文件虫害防治对象主要包括地下害虫和蚜虫。

4.2 病害

本文件病害防治对象主要有燕麦黑穗病、燕麦锈病和红叶病，病原、症状识别及发生特点见附录A。

5 防治原则

DB15/T 3341—2024

　　饲用燕麦主要病虫害防治应按照"预防为主，综合防控"的植保方针，以监测预警为前提，优先采用农业防治、物理防治和生物防治方法，科学合理使用化学防治，农药使用按照GB/T 8321和NY/T 1276执行。

6　农业防治

6.1　抗性品种

　　选择优质高产、抗病、虫性强的品种，种子质量符合GB 4404.4。

6.2　清除病残体

　　播种前或收获后，清除田间及周边杂草，深翻地灭茬、晒土，减少病源和虫源。

6.3　合理轮作倒茬

　　与非寄主作物合理轮作倒茬。

6.4　合理密植

　　合理密植，增加田间通风透光度。

6.5　科学肥水管理

　　提倡施用充分腐熟的农家肥，合理增施磷钾肥；选用排灌方便的田块，控制田间湿度。

7　物理防治

7.1　糖醋液诱杀

　　取50度以上白酒125 mL，水250 mL、红糖375 g、食醋500 mL，90%晶体敌百虫3 g混合在一起制成糖醋诱杀液加入少量杀虫剂制成糖醋诱杀液，将诱杀液放入盆内，盆高出作物30 cm～35 cm，诱杀液深3 cm～4 cm，2盆/667 ㎡～3盆/667 ㎡。

7.2　杀虫灯

　　在成虫交配产卵发生期，于田间安置频振式杀虫灯，每667 ㎡安装2个～4个杀虫灯，灯间距200 m左右，每日傍晚到次日清晨，诱杀地老虎、黏虫等趋光性害虫。

8　化学防治

8.1　虫害

8.1.1　地下害虫

8.1.1.1　药剂拌种

　　70%噻虫嗪种子处理可分散粉剂按药种比0.2%～0.3%或11%咯菌腈·噻虫嗪·噻呋种子处理悬浮剂种衣剂按药种比0.8%～1%进行种子处理。

8.1.1.2　撒施毒土

25%吡虫·毒死蜱微囊悬浮剂540 mL/667 m²～600 mL/667 m²药土法施入，兑少量水稀释后与50 kg细砂土混合制成毒土，播种时沟施在垄沟内。

8.1.2 蚜虫

50%氟啶虫胺腈水分散粒剂1 g/667 m²～1.5 g/667 m²或10%吡虫啉可湿性粉剂1000倍液、4.5%高效氯氰菊酯乳油1500倍液，喷施1次～2次，每隔7 d～10 d喷施一次。0.3%印楝素乳油180 mL/667 m²～250 mL/667 m²喷雾防治蚜虫。

8.2 病害

8.2.1 黑穗病类

4.23%甲霜·种菌唑微乳剂按药种比0.1%～0.2%进行种子处理或6%戊唑醇悬浮种衣剂按药种比0.2%进行种子处理防治黑穗病类。

8.2.2 锈病类

发病初期喷施18.7%丙环唑.嘧菌酯乳油35 mL/667 m²～70 mL/667 m²、22%嘧菌.戊唑醇乳油40 mL/667 m²～60 mL/667 m²、30%肟菌.戊唑醇乳油40 mL/667 m²～50 mL/667 m²、19%啶氧·丙环唑悬浮剂53 mL/667 m²～70 mL/667 m²，喷施1次～2次，每隔7 d～10 d喷施一次。

8.2.3 红叶病

燕麦饲草红叶病按照DB15/T 1402执行。

9 生物防治

利用各种有益的生物或生物产生的活性物质及分泌物，来控制病、虫草群体的增殖，以达到压低甚至消灭病虫草害的目的，如选用木霉菌、芽孢杆菌类等成熟的生物菌剂进行病虫害防治。

DB15/T 3341—2024

附 录 A

（资料性）

饲用燕麦主要病害病原、症状识别及发生特点

饲用燕麦主要病害病原、症状识别及发生特点见表A.1。

表A.1 饲用燕麦主要病害病原、症状识别及发生特点

病害名称		病原	症状识别	发生特点
饲草燕麦黑穗病类	坚黑穗病	病原菌为坚黑粉菌（*Ustilago segetum*(Bull.) Pers.），属担子菌亚门，冬孢菌纲，黑粉菌目，黑粉菌属。	主要发生在抽穗期。病、健株抽出时间趋于一致。染病种子的胚和颖片被毁坏，其内充满黑褐色粉末状厚垣孢子，其外具坚实不易破损的污黑色膜。厚垣孢子粘结较结实不易分散，收获时仍呈坚硬块状，故称坚黑穗病。有些品种颖片不受害，厚垣孢子团隐蔽在颖内难于看见。	厚垣孢子萌发温度范围为4 ℃~34 ℃,适温为 15 ℃~28 ℃。温度高、湿度大利于发病。高温、高湿、多雨易发病。地势低洼排水不良、连作地、管理不到位等均足易发病。
	散黑穗病	病原菌为散黑粉菌（*Ustilago avenae* (Pers) Rostr.），属担子菌亚门，冬孢菌纲，黑粉菌目，黑粉菌属。	大部分整穗发病，个别中、下部穗粒发病。病株矮小，仅是健株株高的1/3~1/2，并且使抽穗期提前。病状始见于花器，染病后子房膨大，致病穗的种子充满黑粉，外被一层灰膜包住，后期灰色膜破裂，散出黑褐色的厚垣孢子粉末，最后仅剩下穗轴。	病原菌在种子内越冬。发育温度范围为4 ℃~34 ℃，适温为18 ℃~26 ℃。生产上播种期降雨少，土壤含水量低于30%，播种过深，幼苗出苗慢，生长缓慢，使病菌侵入期拉长，当年易发病。
饲草燕麦锈病类	冠锈病	病原菌为禾冠柄锈菌燕麦专化型（*Puccinia coronata* f. sp. avenae），属担子菌亚门，冬孢菌纲，锈菌目，柄锈菌科，柄锈菌属。	发生在叶片、叶鞘和穗上，染病初期叶片表面褪绿病斑，产生橘黄色夏孢子堆，呈椭圆形。发病后期当生长条件变差时夏孢子堆则转变成扁平，衰老叶片背面出现灰黑色呈短线状的冬孢子堆。	病原菌以夏孢子在病残组织上越冬。冬孢子不易萌发，在侵染循环中作用不大。各种逆境条件有利于此病发生。
	秆锈病	病原为禾柄锈菌燕麦变种（*Puccinia graminis* f. sp. avenae），属于担子菌亚门，冬孢菌纲，锈菌目，柄锈菌属。	主要发生在茎和叶鞘上，但叶片和穗也有发生。在侵染点部位产生褐黄色或褐红色的椭圆形至狭长的夏孢子堆，发病后期出现黑褐色、近黑色，粉末状冬孢子堆。	病原菌发育适温为 19 ℃~25 ℃。温度高、湿度大利于发病。降雨结露频繁时或灌溉草地上常发生较重。

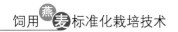

ICS 65.020.01
CCS B 16

DB15

内 蒙 古 自 治 区 地 方 标 准

DB15/T 3342—2024

饲用燕麦田间杂草综合防治技术规程

Technical regulation for integrated control of weeds in oat field

2024-02-23 发布 　　　　　　　　　　　　2024-03-23 实施

内蒙古自治区市场监督管理局　　发 布

DB15/T 3342—2024

前　言

本文件按照GB/T 1.1—2020《标准化工作导则　第1部分：标准化文件的结构和起草规则》的规定起草。

本文件由内蒙古自治区农牧厅提出。

本文件由内蒙古自治区畜牧业标准化技术委员会（SAM/TC 19)归口。

本文件起草单位：中国农业科学院草原研究所、内蒙古农业大学、内蒙古自治区农牧业科学院、呼和浩特市园林建设服务中心、呼和浩特市农牧技术推广中心、锡林郭勒盟农牧技术推广中心、托克托县农牧技术推广中心、土默特左旗农牧技术推广中心。

本文件起草人：林克剑、徐林波、张笑宇、席先梅、靳慧卿、王晓玲、韩海斌、王建华、李桂英、王殿清、撒多文、李文龙、郑成忠、梅雪、崔艳伟、乌兰巴特尔、任恒、苏鹏、李慧俊、巴雅尔、刘建美、薛峰、刘瑞飞。

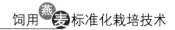

饲用燕麦标准化栽培技术

DB15/T 3342—2024

饲用燕麦田间杂草综合防治技术规程

1 范围

本文件规定了饲用燕麦田主要杂草、防除时期及防除技术要求。
本文件适用于饲用燕麦田杂草的防除。

2 规范性引用文件

下列文件中的内容通过文中的规范性引用而构成本文件必不可少的条款。其中，注日期的引用文件，仅该日期对应的版本适用于本文件；不注日期的引用文件，其最新版本（包括所有的修改单）适用于本文件。

GB 4404.4 粮食作物种子 第4部分：燕麦

3 术语和定义

本文件没有需要界定的术语和定义。

4 饲用燕麦田主要杂草

4.1 单子叶杂草

内蒙古地区饲用燕麦田单子叶杂草主要种类包括：狗尾草、野稷、稗草、马唐等（参见附录A）。

4.2 双子叶杂草

内蒙古地区饲用燕麦田双子叶杂草主要种类包括：灰绿藜、反枝苋、刺儿菜、田旋花、打碗花、猪毛菜、苍耳、黄花蒿、苣荬菜、车前、二裂叶委陵菜、萹蓄、蒺藜等（参见附录A）。

5 防除措施

5.1 农业防除

5.1.1 精选种子

选用优质、纯度高、无杂质混杂的燕麦种子，符合 GB 4404.4 的规定。

5.1.2 适度深翻

选择前茬作物为非禾本科作物的田块播种，前茬作物收获后及时清理地面残留物。
播前耙糖，深翻土壤 25 cm～30 cm，将杂草种子埋入深土层，针对出苗杂草进行浅旋耕处理。

5.1.3 腐熟农家肥

施用充分腐熟的农家肥，使杂草种子经过高温氨化处理丧失活力。

DB15/T 3342—2024

5.1.4 合理密植

选择燕麦种子最大适宜播种量，提高地面覆盖度，减轻杂草危害。行距控制为15 cm～20 cm，用种量12 kg/667 ㎡～15 kg/667 ㎡。

5.1.5 田间管理

及时中耕除草。

5.2 化学防除

5.2.1 播前除草

播前已有大量杂草的田块，可在播种前 10 d～15 d 进行杂草防除，宜使用药剂及有效成分用药量：200 mL/L 草铵膦可溶液剂 60 mL/667 ㎡～120 mL/667 ㎡或者 410 g/L 草甘膦异丙胺盐水剂 80 mL/667 ㎡～100 mL/667 ㎡。

5.2.2 播后苗前除草

播后苗前进行土壤封闭处理，选用 450 g/L 二甲戊灵微胶囊剂 150 mL/667 ㎡～180 mL/667 ㎡，可以防除双子叶杂草和大部分单子叶杂草。沙土地用药量可适当降低，用药量 150 mL/667 ㎡，有机质含量较高的土壤可适当增加用药量，用药量 200 mL/667 ㎡。

5.2.3 生长期除草

燕麦生长前期如发现双子叶杂草，可以喷施一次 400 g/L 二甲溴苯腈乳油，用药量 80 mL/667 ㎡～100 mL/667 ㎡。

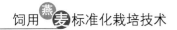
附 录 A

（资料性）

饲用燕麦田主要杂草种类

内蒙古地区饲用燕麦田主要杂草种类见表A.1。

表A.1 内蒙古地区饲用燕麦田主要杂草种类

类别	种名	生长年限	危害程度
单子叶杂草	狗尾草 *Setaria viridis*（L.）Beauv.	一年生	+++
	野稷 *Panicum miliaceum* L.var. *ruderale* Kit.	一年生	++
	稗草 *Echinochloa crus-galli*（L.）P. Beauv.	一年生	+
	马唐 *Digitaria sanguinalis*（L.）Scop.	一年生	++
双子叶杂草	灰绿藜 *Chenopodium album* L.	一年生	++++
	反枝苋 *Amaranthus retroflexus* L.	一年生	+++
	刺儿菜 *Cirsium setosum*（Willd.）MB.	一年生	+++
	田旋花 *Convolvulus arvensis* L.、	多年生	++
	打碗花 *Calystegia hederacea* Wall.	多年生	++
	猪毛菜 *Salsola collina* Pall.	一年生	+
	苍耳 *Xanthium strumarium* L.	一年生	++
	黄花蒿 *Artemisia annua* L.	多年生	+++
	苣荬菜 *Sonchus wightianus* DC.	多年生	++
	车前 *Plantago asiatica* L.	多年生	++
	二裂叶委陵菜 *Potentilla bifurca* L.	多年生	+
	萹蓄 *Polygonum aviculare* L.	一年生	+
	蒺藜 *Tribulus terester* L.	一年生	+
注："+"零星发生；"++"轻度发生；"+++"中度发生；"++++"严重发生。			

ICS　65.020.20
CCS　B 21

DB15

内 蒙 古 自 治 区 地 方 标 准

DB15/T 3343—2024

饲用燕麦种子生产规程

Technical code of practice for forage oat seed production

2024-02-23 发布　　　　　　　　　　　　　　2024-03-23 实施

内蒙古自治区市场监督管理局　　发　布

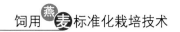
前　言

本文件按照GB/T 1.1—2020《标准化工作导则　第1部分：标准化文件的结构和起草规则》的规定起草。

本文件由内蒙古自治区农牧厅提出。

本文件由内蒙古自治区畜牧业标准化技术委员会（SAM/TC 19)归口。

本文件起草单位：呼和浩特市农牧技术推广中心、内蒙古农业大学、呼和浩特市农牧局、内蒙古师范大学、呼和浩特市园林建设服务中心、中国农业科学院草原研究所、内蒙古正时生态农业（集团）有限公司、内蒙古自治区农牧业技术推广中心。

本文件主要起草人：王建华、齐冰洁、赵宝平、米俊珍、吴庆华、敖恩宝力格、靳慧卿、黄海、高凤芹、马宏伟、王永杰、包布和、林琳、薛峰、任永红、冯旭旺、杨健、刘江河、王嘉莉、朝鲁门、吴彬、王春玲。

DB15/T 3343—2024

饲用燕麦种子生产规程

1 范围

本文件规定了饲用燕麦种子生产的种植环境、选地与整地、播种准备、田间管理、收获、种子质量检验、包装和贮藏等内容。

本文件适用于饲用燕麦种子生产。

2 规范性引用文件

下列文件中的内容通过文中的规范性引用而构成本文件必不可少的条款。其中，注日期的引用文件，仅该日期对应的版本适用于本文件；不注日期的引用文件，其最新版本（包括所有的修改单）适用于本文件。

GB 3095 环境空气质量标准

GB/T 3543 （所有部分）农作物种子检验规程

GB 4404.4 粮食作物种子 第4部分：燕麦

GB 5084 农田灌溉水质标准

GB/T 7414 主要农作物种子包装

GB/T 7415 农作物种子贮藏

GB/T 8321.8 农药合理使用准则（八）

GB 15618 土壤环境质量 农用地土壤污染风险管控标准（试行）

NY/T 496 肥料合理使用准则 通则

NY/T 1276 农药安全使用规范 总则

DB15/T 892 燕麦良种繁育技术规程

3 术语和定义

下列术语和定义适用于本文件。

3.1

饲用燕麦 forage oat

作为饲草利用的禾本科燕麦属一年生草本植物，包括皮燕麦（*Avena sativa* L.）和裸燕麦（*Avena nuda* L.）。

3.2

原种 protospecies

由良种繁殖场或品种育成单位通过原种生产程序繁育出的纯度较高，质量较好，而且能进一步供繁殖良种使用的基本种子。

4 种植环境要求

空气质量符合 GB 3095 的规定，土壤质量符合 GB 15618 的规定，灌溉用水质量符合 GB 5084 的规定。

5 选地与整地

5.1 选地与隔离

5.1.1 选地

选择地势平坦，土壤肥力中等及以上且肥力均匀，土层深厚，有灌溉条件、无重茬的地块。

5.1.2 隔离

良种繁育田周围10 m以内不应种植或分布其他品种的燕麦。

5.2 整地

秋季进行深耕、耙磨，耕翻深度为 20 cm～25 cm，使地表土块细碎、平整、无杂物和前茬残留物，结合整地施用腐熟农家肥或有机肥，施入量 1500 kg/667 ㎡～2000 kg/667 ㎡。

6 播种准备

6.1 种子选择

选择高产、优质、抗逆性强，适宜当地生态类型的饲用燕麦品种。种子质量符合GB 4404.4一级种子规定。

6.2 种子处理

6.2.1 晒种

播种前3 d～5 d选无风晴天，把种子摊开，厚约3 cm～5 cm，在干燥向阳处晒2 d～3 d。

6.2.2 拌种

播前用50%苯菌灵可湿性粉剂、15%三唑酮可湿性粉剂拌种，防治燕麦黑穗病和锈病，用量为种子重量的0.2%～0.3%。农药施用符合GB/T 8321.8和NY/T 1276规定。

6.3 播种期

0 cm～5 cm土层温度持续在5 ℃以上时播种。

6.4 播种量

播种量8 kg/667 ㎡～10 kg/667 ㎡。

6.5 播种方式

机械条播，行距25 cm，播种深度3 cm～5 cm。

7 田间管理

7.1 施肥

7.1.1 种肥

通过播种机分层施入，667 m²施用纯N、P_2O_5、K_2O分别为5 kg、1.5 kg～5 kg、6 kg。肥料的使用应符合NY/T 496的规定。

7.1.2 追肥

追肥在分蘖或拔节期，结合灌溉追施纯N 4 kg/667 m²。

7.2 灌溉

在分蘖期、抽穗期和灌浆期，根据土壤墒情灌溉。

7.3 病虫草害防治

执行饲用燕麦标准体系内病虫草害防治标准相关规定。

7.4 去杂去劣

在整个生育期内，根据品种的特征特性，严格进行去杂、去劣和拔除病株工作，按DB15/T 892执行。

8 收获

8.1 收获时间

燕麦穗由绿变黄，上、中部籽粒变硬，70%以上种子达到成熟时，可进行收获。

8.2 种子干燥

8.2.1 收获后及时干燥处理，籽粒含水量≤13%。

8.2.2 种子干燥可采用自然干燥和机械干燥。自然干燥时应专场单晒，防止种子混杂；机械干燥时可采用谷物干燥机和机械通风干燥，机械干燥时应严格按照使用说明进行。

9 种子质量检验

按GB/T 3543的规定执行。

10 种子包装与贮藏

种子包装按GB/T 7414规定执行，种子贮藏按GB/T 7415规定执行。

———————————

ICS 65.020.01
CCS B 20

DB15

内 蒙 古 自 治 区 地 方 标 准

DB15/T 3344—2024

复种饲用燕麦饲草加工技术规程

Code of practice for processing of forage oats double-cropping

2024-02-23 发布　　　　　　　　　　　　　　2024-03-23 实施

内蒙古自治区市场监督管理局　　发 布

前　言

本文件按照GB/T 1.1—2020《标准化工作导则　第1部分：标准化文件的结构和起草规则》的规定起草。

本文件由内蒙古自治区农牧厅提出。

本文件由内蒙古自治区畜牧业标准化技术委员会（SAM/TC 19)归口。

本文件起草单位：中国农业科学院草原研究所、呼和浩特市农牧局、呼和浩特市农牧技术推广中心、内蒙古源生态农牧业开发有限公司、内蒙古草业技术创新中心有限公司、呼和浩特市园林建设服务中心、呼伦贝尔市农牧技术推广中心。

本文件主要起草人：高凤芹、景媛媛、蒋恒、王昊然、王建华、吴庆华、靳慧卿、德英、渠晖、刘先芬、郑丽娜、李坤娜、朱晖、王欢、蒋万英、张小英、孙乐、王娇。

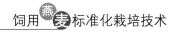

复种燕麦饲草加工技术规程

1 范围

本文件规定了复种燕麦饲草加工中的技术内容。

本文件适用于饲用燕麦复种栽培模式。

2 规范性引用文件

下列文件中的内容通过文中的规范性引用而构成本文件必不可少的条款。其中，注日期的引用文件，仅该日期对应的版本适用于本文件；不注日期的引用文件，其最新版本（包括所有的修改单）适用于本文件。

GB/T 40935 青贮牧草膜

NY/T 991 牧草收获机械 作业质量

NY/T 1444 微生物饲料添加剂技术通则

NY/T 2463 圆草捆打捆机作业质量

NY/T 2850 割草压扁机 质量评价技术规范

DB15/T 456 牧草拉伸膜裹包青贮技术规程

DB15/T 3346 饲用燕麦干草捆加工技术规程

DB15/T 3348 饲用燕麦窖贮技术规程

3 术语和定义

下列术语和定义适用于本文件。

3.1

复种燕麦饲草 double-cropping forge oat

在同一地块一年内连续种植和收获两次饲用燕麦。

3.2

头茬草 first-cropping oats

在一年内第一茬种植、收获和加工的燕麦饲草。

3.3

复茬草 second-cropping oats

在一年内复茬种植、收获和加工的燕麦饲草。

4 头茬草加工

DB15/T 3344—2024

4.1　收获

头茬燕麦在乳熟期收获，约为7月上旬。因头茬燕麦收获在雨季满足不了调制干草的条件，故采用青贮加工。收割应视天气情况而定，避免刈割后雨淋。使用压扁式割草机进行刈割。头茬草收获应尽快完成。收获机械作业质量应符合NY/T 991、NY/T 2463、NY/T 2850所规定的范围和要求。

4.2　贮前准备

根据青贮类型，检查设施、场地，进行清理打扫、消毒，并在堆贮场地铺设青贮专用膜。青贮专用膜应符合GB/T 40935的规定。

4.3　原料准备

收割后的燕麦就地晾晒，含水量降到65%～70%后即可青贮。燕麦原料切割长度2 cm～3 cm。

4.4　添加剂及使用

在切碎、填装等环节中，均匀喷洒青贮添加剂。添加剂使用应符合NY/T 1444的规定。

4.5　青贮方式

4.5.1　窖式青贮

窖式青贮执行 DB15/T 3348。

4.5.2　拉伸膜裹包青贮

将含水量为65%～70%的燕麦切碎至2 cm～3 cm，均匀喷洒青贮添加剂后，用打捆机进行高密度压实打捆，通过裹包机用拉伸膜裹包，包膜6层，裹包时拉伸膜应层层重叠50%以上。拉伸膜应符合DB15/T 456的规定。

4.6　贮后管理

生产最末尾的尾料，需要单独存放、销售。裹包青贮应放置在地势高、干燥、向阳、排水良好且周围无污染的地方。裹包青贮堆叠高度不宜超过2层。贮后定期检查，清理积水，检查霉变和青贮包破损情况，如发现有漏气、塑料膜破损等现象应立即采取填补或粘合措施。做好防鼠防鸟等工作。

5　复茬草加工

5.1　收获

复茬燕麦在灌浆期或乳熟期时进行收获，约为9月下旬。霜冻来临时，暂不收割燕麦，待霜冻1～2周之后，含水量下降至50%左右适时刈割。采用甩刀式压扁割草机进行刈割。

5.2　加工

5.2.1　青草加工

青草加工执行 DB15/T 3346。

5.2.2　窖式青贮

窖式青贮执行 DB15/T 3348。

5.2.3 裹包青贮

裹包青贮按照本文件中4.5.2中的拉伸膜裹包青贮工艺。

———————————

ICS 65.020.01
CCS B 20

DB15

内 蒙 古 自 治 区 地 方 标 准

DB15/T 3345—2024

饲用燕麦草颗粒加工技术规程

Technical regulations for processing of forage oats granules

2024-02-23 发布 2024-03-23 实施

内蒙古自治区市场监督管理局 发 布

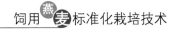

前　言

　　本文件按照GB/T 1.1—2020《标准化工作导则　第1部分：标准化文件的结构和起草规则》的规定起草。

　　本文件由内蒙古自治区农牧厅提出。

　　本文件由内蒙古自治区畜牧业标准化技术委员会（SAM/TC 19)归口。

　　本文件起草单位：内蒙古自治区知识产权保护中心、内蒙古大青山国家级自然保护区管理局、内蒙古自治区农牧业科学院、内蒙古草业技术创新中心有限公司、内蒙古自治区农畜产品质量安全中心、呼和浩特市园林建设服务中心、内蒙古自治区农牧业技术推广中心。

　　本文件主要起草人：李宁、聂竹彦、刘威、王博、张春华、萨初拉、李胜利、金鹿、杨鼎、刘利、宝华、张崇志、胡晓晓、付乐、李文婷、魏晓玲、张跃华、赵英、石泉。

DB15/T 3345—2024

饲用燕麦草颗粒加工技术规程

1　范围

本文件规定了饲用燕麦草颗粒加工的原料的选择、除杂、粉碎、混合、制粒、冷却、包装、标签、贮藏。

本文件适用于利用饲用燕麦为原料加工的草颗粒。

2　规范性引用文件

下列文件中的内容通过文中的规范性引用而构成本文件必不可少的条款。其中，注日期的引用文件，仅该日期对应的版本适用于本文件；不注日期的引用文件，其最新版本（包括所有的修改单）适用于本文件。

GB 10648　饲料标签

GB/T 36863　混合型饲料添加剂防霉剂通用要求

NY/T 471　绿色食品饲料及饲料添加剂使用准则

DB15/T 1576　饲料原料燕麦干草

3　术语和定义

本文件没有需要界定的术语和定义。

4　加工

4.1　原料的选择

原料应按照DB15/T 1576要求选用。

4.2　除杂

经人工筛选除去异物后的饲用燕麦在粉碎前通过带有震荡传送带并经过磁选，去除原料中的铁器。

4.3　粉碎粒度

除杂后的饲用燕麦选用适型粉碎机，制成燕麦草粉。粉碎长度为≤8 mm。

4.4　混合

4.4.1　防霉剂

混合时添加防霉剂，防霉剂应符合GB/T 36863的要求，选用富马酸二甲酯，用量0.1%。

4.4.2　粘结剂

混合时添加粘结剂，粘结剂应符合NY/T 471的要求，选用α-淀粉，用量0.1%。

DB15/T 3345—2024

4.5 制粒

4.5.1 制粒机选择及参数

采用专用草颗粒加工机器将混合均匀的燕麦草粉挤压成颗粒。 使用制粒机为环模制粒机。

4.5.2 制粒机制粒参数

环膜直径250 mm（内径），模孔直径10 mm，环膜厚度40 mm，压膜压缩比4.0，制粒机转速280 rpm，一般燕麦草颗粒直径范围为6 mm～10 mm。

4.5.3 制粒机容重

容重为550 kg/m³～600 kg/m³。

4.5.4 颗粒参数

颗粒直径范围为6 mm～10 mm，颗粒成型度＞85%。

4.6 冷却

经传送带传送，成型的草颗粒进入散热冷却装置。水分含量不超过11%。

5 包装与标识

5.1 包装

冷却干燥后的草颗粒装袋、定包、封口后送入仓库。

5.2 标签

产品包装上应有清晰牢固的标签，标签内容应符合GB 10648中关于饲料及饲料原料标签的要求。

6 贮藏

6.1 贮藏库不漏水、不返潮、隔热、防晒、防盗、防鼠、防虫、干燥、通风良好、干净、卫生。

6.2 禁止与化肥、农药、有毒有害物质以及有腐蚀性、易潮湿的物品放在一起。

ICS 65.020.01
CCS B 01

DB15

内 蒙 古 自 治 区 地 方 标 准

DB15/T 3346—2024

饲用燕麦干草捆加工技术规程

Code of practice for processing of forage oat hay bales

2024-02-23 发布 　　　　　　　　　　　　　　　 2024-03-23 实施

内蒙古自治区市场监督管理局　　发 布

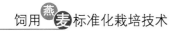
前　　言

本文件按照GB/T 1.1—2020《标准化工作导则　第1部分：标准化文件的结构和起草规则》的规定起草。

本文件由内蒙古自治区农牧厅提出。

本文件由内蒙古自治区畜牧业标准化技术委员会（SAM/TC 19）归口。

本文件起草单位：内蒙古正时生态农业（集团）有限公司、内蒙古农业大学、呼和浩特市农牧局、呼和浩特市农牧技术推广中心。

本文件主要起草人：马宏伟、李福柱、赵雅茹、贺翔、王冰莹、格根图、王志军、尔墩·扎玛、靳慧卿、黄海、喻斌斌、张金文、许霄飞。

DB15/T 3346—2024

饲用燕麦干草捆加工技术规程

1 范围

本文件规定了饲用燕麦干草捆调制中的术语和定义、收获时期、收获方式、干燥、打捆、拉运和码垛贮藏等技术。

本文件适用于饲用燕麦干草捆的加工。

2 规范性引用文件

本文件没有规范性引用文件。

3 术语和定义

下列术语和定义适用于本文件。

3.1

饲用燕麦干草　forage oat hay

以饲用燕麦为原料，经适时刈割后，调制成的干制饲草产品。

3.2

乳熟期　milk-ripe stage

饲用燕麦籽粒已形成，接近正常大小，淡绿色，内部充满乳白色粘稠液体，含水量在50%左右。

4 收获时期

饲用燕麦生长至乳熟期时开始进行收割。在收割前应时刻关注气象预测，5 d～7 d 内无降雨。

5 收获方式

5.1 收获机械

采用专用牧草压扁割草机进行收获，压扁辊为人字形橡胶或钢制。

5.2 压扁方式

通过调试割草机压扁轮来压扁饲用燕麦草茎节，做到折而不断，破而不碎。

6 干燥

6.1 翻晒

刈割后就地晾晒，当饲用燕麦水分降至50%时（空气湿度较大的夜间或清晨进行，防止叶片脱落），利用翻晒机翻晒1～2次，使饲用燕麦充分暴露在干燥的空气中，以加快干燥速度。

6.2 水分测定

采用水分测定仪进行燕麦草水分的测定。

6.3 干燥方法

待饲用燕麦晾晒后水分降至 35%～40%时，用搂草机合垄，晾晒至安全水分时进行打捆（打捆方式不同，水分要求也不同，具体水分含量如 6 所示），然后入库堆垛贮藏。

7 打捆

7.1 大方捆

规格：180 cm×120 cm×90 cm，含水量≤14%，重量 450 kg/捆。

7.2 小方捆

规格：90 cm×36 cm×46 cm，含水量≤18%，重量 35 kg/捆。

7.3 圆捆

规格：120 cm×140 cm，含水量≤20%，重量 250 kg/捆。

8 拉运

为方便运输，草捆堆放地点应选择距离公路较近、交通相对便利、场地开阔的地方，以便于拉运车辆装卸运输，拉运车载重量为 10 t～12 t，拉运车载重量不应太重，避免破坏土地，使用拉运车将草捆运到库房进行码垛贮藏。

9 码垛贮藏

9.1 搭建垛基

贮存地应该地势高、干燥、平坦、通风，土质坚实。垛基长、宽应根据实际需求而定，底层垫高 30 cm～40 cm，上层选用直径为 10 cm～15 cm 圆木杆纵横排放(纵下横上)，纵向排放 3 根圆木杆，间隔 150 cm，两端各余 50 cm，横向每隔 55 cm 排放 1 根圆木杆，交叉处用铁丝固定。

9.2 码垛

码垛时，应"品"字型排列，各层间互相交错压茬，垛与垛间依风向每隔三、五排留20 cm～30 cm的空隙，以利通风。露天堆垛，垛顶要码成屋脊形，并加盖苫布或厚塑料布（>0.4 mm）。贮藏在草棚的草垛高度宜根据草棚的高度而定，草捆垛顶高度应距离草棚边沿30 cm～40 cm。

ICS 65.020.01
CCS B 20

DB15

内 蒙 古 自 治 区 地 方 标 准

DB15/T 3347—2024

饲用燕麦草裹包半干青贮技术规程

Code of practice for processing of forage oat wrapping haylage

2024-02-23 发布　　　　　　　　　　　　2024-03-23 实施

内蒙古自治区市场监督管理局　　发 布

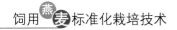
前　言

本文件按照GB/T 1.1—2020《标准化工作导则　第1部分：标准化文件的结构和起草规则》的规定起草。

本文件由内蒙古自治区农牧厅提出。

本文件由内蒙古自治区畜牧业标准化技术委员会（SAM/TC 19)归口。

本文件起草单位：中国农业科学院草原研究所、呼和浩特市农牧局、呼和浩特市农牧技术推广中心、内蒙古草业技术创新中心有限公司、现代草业有限公司、内蒙古正时生态农业（集团）有限公司、内蒙古伊利实业集团股份有限公司、呼和浩特市园林建设服务中心。

本标准主要起草人：高凤芹、王昊然、景媛媛、蒋恒、王建华、吴庆华、靳慧卿、黄永强、马宏伟、张彩霞、德英、刘先芬、黄海、王学峰、渠晖、朱晖、张跃华、王娇、孙乐、王思仪。

DB15/T 3347—2024

饲用燕麦草裹包半干青贮技术规程

1　范围

本文件规定了饲用燕麦草裹包半干青贮的术语和定义、贮前准备、打捆裹包、贮藏管理、饲用方法等技术要求。

本文件适用于饲用燕麦草裹包半干青贮饲料生产。

2　规范性引用文件

下列文件中的内容通过文中的规范性引用而构成本文件必不可少的条款。其中,注日期的引用文件,仅该日期对应的版本适用于本文件;不注日期的引用文件,其最新版本(包括所有的修改单)适用于本文件。

GB 13078　饲料卫生标准

BB/T 0024　运输包装用拉伸缠绕膜

NY/T 3121　青贮饲料包膜机 质量评价技术规范

3　术语和定义

下列术语和定义适用于本文件。

3.1

裹包半干青贮　wrapping haylage

将燕麦刈割、晾晒至含水量50%~60%、切碎,打捆后,使用青贮专用拉伸膜缠绕裹包形成密封厌氧环境,在密闭条件下利用其表面附着的乳酸菌进行厌氧发酵,使燕麦原料pH下降而抑制其它有害微生物的繁殖,制成能够较长时期保存的燕麦饲料产品。

4　贮前准备

4.1　加工机械准备

选择具有压扁功能的收割机、旋转式搂草翻晒机、捡拾切碎机、打捆裹包一体机等专业机械,青贮前做好维护保养和调试。青贮设备应符合NY/T 3121要求。

4.2　裹包膜准备

裹包膜使用青贮专用拉伸膜,应符合BB/T 0024的规定。

4.3　原料准备

4.3.1　收获

收获期为乳熟期（70%植株达到乳熟期），选择晴朗天气进行收割，收获时避免带入泥土等污染物。

4.3.2 晾晒

半干青贮燕麦收获后田间晾晒，晾晒厚度根据天气和草产量适时调整，不宜过厚，使含水量尽快降至50%～60%。

4.3.3 切碎

半干青贮燕麦切碎长度为2 cm～3 cm。

5 打捆裹包

5.1 裹包青贮料密度

使用青贮打捆机对原料进行打捆，裹包青贮料密度达到 650 kg/m³ 以上。

5.2 裹包膜层数

使用裹包机包膜 6 层以上，裹包时拉伸膜应层层重叠 50%以上。

6 贮藏管理办法

草棚或露天码垛均可，选择地势高燥、无积水、无污物、平坦的地方集中码放贮存。堆积高度一般不超过 2 层。注意防火，防止虫类、鼠类和鸟类破坏，破损及时修补。青贮后饲料应符合 GB 13078 的要求。

7 饲用方法

常温半干青贮45 d以上后启用。根据动物饲养标准确定饲喂量。开包后24 h内应饲喂完，饲用安全指标应符合GB 13078的要求。

ICS 65.020.01
CCS B 20

DB15

内 蒙 古 自 治 区 地 方 标 准

DB15/T 3348—2024

饲用燕麦窖贮技术规程

Code of practice for forage oat ensiling in silo

2024-02-23发布　　　　　　　　　　　　　2024-03-23实施

内蒙古自治区市场监督管理局　　发 布

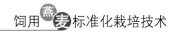

前　言

本文件按照GB/T 1.1—2020《标准化工作导则　第1部分：标准化文件的结构和起草规则》的规定起草。

本文件由内蒙古自治区农牧厅提出。

本文件由内蒙古自治区畜牧业标准化技术委员会（SAM/TC 19)归口。

本文件起草单位：内蒙古农业大学、内蒙古自治区林业和草原工作总站、内蒙古草业技术创新中心有限公司、内蒙古正时生态农业（集团）有限公司、呼和浩特市农牧技术推广中心。

本文件主要起草人：格根图、王志军、贾玉山、赵牧其尔、闫星全、那亚、都帅、韩峰、娜日苏、镡建国、郭志忠、张跃华、赵雅茹、刘杰、白芙蓉。

DB15/T 3348—2024

饲用燕麦窖贮技术规程

1　范围

本文件规定了饲用燕麦窖贮的相关术语和定义、加工工艺流程和贮藏管理等内容。

本文件适用于采用青贮窖调制贮藏饲用燕麦青贮饲料的生产。

2　规范性引用文件

下列文件中的内容通过文中的规范性引用而构成本文件必不可少的条款。其中，注日期的引用文件，仅该日期对应的版本适用于本文件；不注日期的引用文件，其最新版本（包括所有的修改单）适用于本文件。

GB 13078　饲料卫生标准

GB/T 22142　饲料添加剂 有机酸通用要求

GB/T 22143　饲料添加剂 无机酸通用要求

NY/T 1444　微生物饲料添加剂技术通则

NY/T 2698　青贮设施建设技术规范 青贮窖

3　术语和定义

下列术语和定义适用于本文件。

3.1

饲用燕麦　forage oat

作为饲草利用的禾本科燕麦属一年生草本植物，包括皮燕麦（*Avena sativa* L.）和裸燕麦（*Avena nuda* L.）。

4　调制加工流程

4.1　贮前准备

4.1.1　根据饲用燕麦收获量和饲养家畜规模确定青贮窖容量及设计建造（选择）青贮窖规格，青贮窖以地上式青贮窖为好。青贮窖建设符合 NY/T 2698 的规定。

4.1.2　青贮前，清理青贮设施内的杂物并消毒，检查青贮 窖的质量，如有损坏及时修复。检修青贮机械，并足额配备易损件。准备青贮所需添加剂、镇压物、青贮阻氧膜等材料。

4.2　原料收获

原料的适宜收获期为乳熟末期-蜡熟初期，留茬高度为5 cm～8 cm，刈割应根据燕麦饲草产量调节压扁强度，保证燕麦茎秆和茎节能够被压裂。

4.3 水份要求

刈割后晾晒含水量至65%～70%。

4.4 捡拾切碎

饲用燕麦青贮原料切碎长度以2 cm～3 cm为宜。宜采用捡拾切碎机开展捡拾、切碎作业。尽量避免捡拾、运输过程中混入泥土、杂物等。保证青贮原料的品质符合GB 13078饲料卫生标准要求。

4.5 添加剂的使用

添加剂的使用符合GB/T 22142、GB/T 22143、NY/T 1444的规定。添加剂量和稀释倍数根据添加剂的使用说明进行操作。乳酸菌菌剂添加量为$1×10^9$ CFU/kg，复合化学添加剂添加量为6 ml/kg。

4.6 窖贮

4.6.1 装填

原料装填时，应迅速、均一，青贮原料由内到外呈楔形分层装填，每层装填厚度不超过20 cm。

4.6.2 压实

装填与压实作业交替进行，压实密度控制在650 kg/m³以上。

4.6.3 密封

装填压实作业完成之后，立即密封。从原料装填至密封不应超过3 d；青贮窖规模较大，需采用分段密封的作业措施，每段密封时间不超过3 d。采用青贮阻氧膜覆盖，阻氧膜外面放置重物镇压，注意边角密封性。

4.7 贮后管理

应经常检查青贮设施密封性，注意防止家畜、鼠、虫和鸟类等危害，阻氧膜如有破损及时补漏。

4.8 开窖取用

4.8.1 青贮60 d后开窖取用。

4.8.2 开窖前应清除封窖时的覆盖物，以防其与青贮燕麦混杂。

4.8.3 从青贮窖一端启封，从外至内分段取料，切勿全部打开，严禁掏洞取料。

4.8.4 青贮燕麦取出后应及时密封窖口，并清理窖周围的废料。

ICS 65.020.01
CCS B 20

DB15

内 蒙 古 自 治 区 地 方 标 准

DB15/T 3349—2024

饲用燕麦草中性洗涤纤维瘤胃液体外 240
小时降解率的测定

A method to assess 240-h ruminal in vitro neutral detergent fiber
degradability of the forage oat hay

2024-02-23 发布   2024-03-23 实施

内蒙古自治区市场监督管理局　　发 布

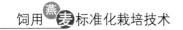
前　言

本文件按照GB/T 1.1—2020《标准化工作导则　第1部分：标准化文件的结构和起草规则》的规定起草。

本文件由内蒙古自治区农牧厅提出。

本文件由内蒙古自治区畜牧业标准化技术委员会（SAM/TC 19）归口。

本文件起草单位：内蒙古自治区知识产权保护中心、内蒙古大青山国家级自然保护区管理局、内蒙古自治区农牧业科学院、内蒙古草业技术创新中心有限公司、包头职业技术学院、鄂尔多斯市农牧业科学研究院、内蒙古自治区农畜产品质量安全中心、内蒙古自治区农牧业技术推广中心。

本文件主要起草人：李宁、聂竹彦、金鹿、王博、张春华、李胜利、杨鼎、萨初拉、刘威、宝华、张崇志、胡晓晓、付乐、李文婷、张跃华、桑丹、娜美日嘎、赵英、蔡婷。

DB15/T 3349—2024

饲用燕麦草中性洗涤纤维瘤胃液体外
240 小时降解率的测定

1　范围

本文件规定了饲用燕麦草240 h体外消化率测定方法的试剂和溶液、仪器和设备、样品、分析步骤和结果计算。

本文件适用于不同生长期、不同品种的饲用燕麦草中性洗涤纤维瘤胃液体体外240 h降解率的测定。

2　规范性引用文件

下列文件中的内容通过文中的规范性引用而构成本文件必不可少的条款。其中，注日期的引用文件，仅该日期对应的版本适用于本文件；不注日期的引用文件，其最新版本（包括所有的修改单）适用于本文件。

GB/T 3358.1　统计学词汇及符号 第1部分：一般统计术语与用于概率的术语

GB/T 6682　分析实验室用水规格和试验方法

GB/T 14699.1　饲料 采样

GB/T 20195　动物饲料 试样的制备

DB15/T 1583　牧草中aNDFom的测定

3　术语和定义

下列术语和定义适用于本文件。

3.1

中性洗涤纤维　neutral detergent fiber

用中性洗涤剂去除饲草中的脂肪、淀粉、蛋白质和糖类等成分后，残留的不溶解物质的总称。

3.2

饲用燕麦草中性洗涤纤维体外降解率　the degradability of neutral detergent fiber of oat in vitro

瘤胃液体外降解的饲用燕麦草中中性洗涤纤维含量占饲用燕麦草原样中中性洗涤纤维含量的百分比。

4　试剂和溶液

4.1　试剂和溶液

4.1.1　如无特别说明，本方法所用试剂均为分析纯，所用水一律指GB/T 6682中三级水。

4.1.2 丙酮（CH3COCH3）。

4.1.3 磷酸氢二钾（KH2PO4）。

4.1.4 七水硫酸镁（MgSO4·7H2O）。

4.1.5 氯化钠（NaCl）。

4.1.6 二水氯化钙（CaCl2·2H2O）。

4.1.7 尿素（CO(NH2)2）。

4.1.8 碳酸钠（Na2CO3）。

4.1.9 九水硫化钠（Na2S·9H2O）。

4.1.10 乙二胺四乙酸二钠（C10H14N2Na2O8）。

4.1.11 四硼酸钠（Na2B4O7·10H2O）。

4.1.12 十二烷基硫酸钠（C12H25NaSO4）。

4.1.13 乙二醇乙醚（C4H10O2）。

4.1.14 无水磷酸氢二钠（Na2HPO4）。

4.2 试剂配制

4.2.1 缓冲液A的配制

缓冲液A的配制参见附录A。

4.2.2 缓冲液B的配制

缓冲液B的配制参见附录B。

4.2.3 3%十二烷基硫酸钠（中性洗涤剂）溶液配制

称取18.60 g乙二胺四乙酸二钠和6.80 g四硼酸钠加入到100 mL烧杯中，加少量水加热溶解后，再加入30.00 g十二烷基硫酸钠和20 mL乙二醇乙醚。称取4.65 g无水磷酸氢二钠，置于另一烧杯中，加少量水，微微加热溶解后倒入第一个烧杯中，稀释至1000 mL。

5 仪器和设备

5.1 羊用瘤胃液取样器（长 30 cm，内径 12.70 mm，PPR 管）。

5.2 分析天平（分度值 0.0001 g）。

5.3 烘干箱（室温至 300 ℃）。

5.4 磁力搅拌器（转速为 100 r/min～1400 r/min）。

5.5 纤维袋（ANKOM F57，25 μm孔隙）。

5.6 体外模拟培养箱（室温至 45 ℃）。

5.7 全自动纤维分析仪（室温至 100 ℃）。

6 中性洗涤纤维瘤胃液体外 240 h 降解率的测定程序

见图1。

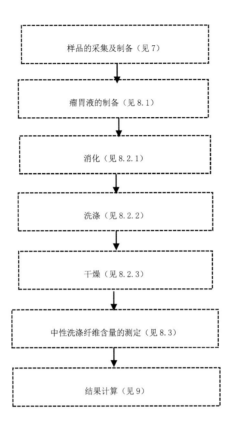

图1 中性洗涤纤维瘤胃液体外 240 h 降解率的测定程序

7 样品

7.1 取样

按GB/T 14699.1进行采样。

7.2 制备

样品根据GB/T 20195制备，置于烘箱内于65 ℃烘干，研磨，过1 mm筛后取筛下物。

8 分析步骤

8.1 瘤胃液的制备

在晨饲前经瘤胃瘘管利用瘤胃液取样器采集供试羊（不少于3只）的瘤胃液，直接转入预热至39 ℃的保温容器中，混合均匀后经4层纱布过滤，滤液持续通入CO2气体，然后量取400 mL瘤胃上清液于39 ℃保温容器备用。

8.2 体外消化步骤

DB15/T 3349—2024

8.2.1 消化

称取0.5000 g样品放置于纤维袋中，封口后平铺放置于体外模拟培养箱中消化罐的分隔板两侧。取两个容器分别加入266 mL缓冲液B和1330 mL缓冲液A，于39 ℃条件下调节其pH达到6.80。于每个消化罐中加入约1600 mL 混合缓冲溶液（缓冲液B+缓冲液A）后放置于体外模拟培养箱中，打开加热和转动开关，使消化罐的温度在20 min～30 min内达到平衡。取出消化罐加入提前预处理好的400 mL瘤胃液，持续通入CO2然后盖紧盖子，置于体外模拟培养箱中连续培养240 h。

8.2.2 洗涤

待培养结束后取出消化罐倒掉液体，再将纤维袋全部取出，用流动的自来水冲洗7 min～10 min直至干净。

8.2.3 干燥

将纤维袋置于105 ℃烘箱中烘干6 h，放入干燥器中冷却30 min后，称重。然后再烘干30 min，再冷却称重，直至两次称量之差＜0.0020 g为恒重。

8.3 中性洗涤纤维含量的测定

原样样品和残渣样品中中性洗涤纤维含量按照DB15/T 1583中规定的方法进行。

9 结果计算

9.1 样品中中性洗涤纤维含量按式（1）计算。

$$Y = \frac{W_3 - W_2}{W_1} \times 100 \quad\cdots\cdots\cdots\cdots\cdots (1)$$

式中：
Y——代表样品中中性洗涤纤维的含量，单位为百分比（%）；
W_3——代表洗涤后样品和纤维袋的重量，单位为克（g）；
W_2——代表纤维袋的重量，单位为克（g）；
W_1——代表样品的重量，单位为克（g）。

9.2 样品中中性洗涤纤维体外降解率按式（2）计算。

$$Z = \frac{W_4 - W_5}{W_4} \times 100 \quad\cdots\cdots\cdots\cdots\cdots (2)$$

式中：
Z——代表样品在240 h时间点的中性洗涤纤维瘤胃液体外降解率，单位为百分比（%）；
W_4——代表样品中性洗涤纤维的重量，单位为克（g）；
W_5——代表经过240 h体外降解后残渣样品中中性洗涤纤维的重量，单位为克（g）。

9.3 取两次测定结果的算数平均值，计算结果保留2位小数点。

9.4 根据GB/T 3358.1，在重复条件下同一样品同时两次平行测定所得结果相对相差≤10%。

附　录　A

（资料性）

缓冲液 A 的配制

A.1　试剂

A.1.1　磷酸氢二钾。

A.1.2　七水硫酸镁。

A.1.3　氯化钠。

A.1.4　二水氯化钙。

A.1.5　尿素。

A.2　仪器设备

A.2.1　容量瓶：容量1000 mL。

A.2.2　分析天平：感量0.01 g和0.0001 g。

A.3　缓冲液 A 的配制

　　将 10.00 g 磷酸氢二钾、0.50 g 七水硫酸镁、0.50 g 氯化钠、0.10 g 二水氯化钙和 0.50 g 尿素加入到 1000 mL 的容量瓶中，用蒸馏水定容。

附　录　B

（资料性）

缓冲液 B 的配制

B.1　试剂

B.1.1　碳酸钠。

B.1.2　九水硫化钠。

B.2　仪器设备

B.2.1　容量瓶：容量1000 mL。

B.2.2　分析天平：感量0.01 g和0.0001 g。

B.3　缓冲液 B 的配制

将 15.00 g 碳酸钠和 1.00 g 九水硫化钠加入到 1000 mL 的容量瓶中，用蒸馏水定容。

———————————

ICS 65.020.01
CCS B 20

DB15

内 蒙 古 自 治 区 地 方 标 准

DB15/T 3350—2024

饲用燕麦草霉变评价

The evaluation of forage oat hay moldy

2024-02-23 发布　　　　　　　　　　　　2024-03-23 实施

内蒙古自治区市场监督管理局　　发 布

前　言

本文件按照GB/T 1.1—2020《标准化工作导则　第1部分：标准化文件的结构和起草规则》的规定起草。

本文件由内蒙古自治区农牧厅提出。

本文件由内蒙古自治区畜牧业标准化技术委员会（SAM/TC 19)归口。

本文件起草单位：内蒙古自治区农牧业科学院、内蒙古草业技术创新中心有限公司、赤峰市农牧科学研究所、内蒙古自治区农畜产品质量安全中心、内蒙古自治区农牧业技术推广中心。

本文件主要起草人：金鹿、王博、萨初拉、张春华、李胜利、杨鼎、宝华、刘威、张崇志、李文婷、付乐、胡晓晓、张跃华、刘志友、赵英、纪峡。

饲用燕麦草霉变评价

1 范围

本文件规定了饲用燕麦草产品霉变指标的测定和霉变的安全限量。

本文件适用于饲用燕麦草产品的霉变评价。

2 规范性引用文件

下列文件中的内容通过文中的规范性引用而构成本文件必不可少的条款。其中，注日期的引用文件，仅该日期对应的版本适用于本文件；不注日期的引用文件，其最新版本（包括所有的修改单）适用于本文件。

GB/T 19540 饲料中玉米赤霉烯酮的测定

GB/T 28718 饲料中T-2毒素的测定 免疫亲和柱净化-高效液相色谱法

GB/T 30956 饲料中脱氧雪腐镰刀菌烯醇的测定 免疫亲和柱净化-高效液相色谱法

GB/T 30957 饲料中赭曲霉毒素A的测定 免疫亲和柱净化-高效液相色谱法

GB/T 36858 饲料中黄曲霉毒素B1的测定 高效液相色谱法

NY/T 1970 饲料中伏马毒素的测定

NY/T 2129 饲草产品抽样技术规程

3 术语和定义

下列术语和定义适用于本文件。

3.1

饲用燕麦 forage oat

作为饲草利用的禾本科燕麦属一年生草本植物，包括皮燕麦（*Avena sativa* L.）和裸燕麦（*Avena nuda* L.）。

3.2

饲用燕麦草 forage oat hay

以饲用燕麦草为原料，适时刈割后，经干燥制成的供家畜饲用的草产品。

4 霉变指标的测定

4.1 抽样

按照NY/T 2129的规定执行。

4.2 感观性状

DB15/T 3350—2024

产品质地均匀，呈暗绿色、绿色或浅绿色，无霉变、结块、虫蛀及异味。若产品有明显霉变、结块现象，终止饲喂。

4.3 霉变指标的测定

4.3.1 脱氧雪腐镰刀菌烯醇（呕吐毒素）

按照GB/T 30956的规定方法进行测定。

4.3.2 玉米赤霉烯酮

按照GB/T 19540的规定方法进行测定。

4.3.3 伏马毒素

按照NY/T 1970的规定方法进行测定。

4.3.4 T-2 毒素

按照GB/T 28718的规定方法进行测定。

4.3.5 赭曲霉毒素 A

按照GB/T 30957的规定方法进行测定。

4.3.6 黄曲霉毒素

按照GB/T 36858的规定方法进行测定。

5 霉变的安全限量

5.1 脱氧雪腐镰刀菌烯醇（呕吐毒素）

安全限量为≤5 mg/kg。

5.2 玉米赤霉烯酮

安全限量为≤1 mg/kg。

5.3 伏马毒素

安全限量为≤60 mg/kg。

5.4 T-2 毒素

安全限量为≤0.5 mg/kg。

5.5 赭曲霉毒素 A

安全限量为≤100 μg/kg。

5.6 黄曲霉毒素

安全限量为≤30 μg/kg。

ICS　65.020.01
CCS B 20

DB15

内 蒙 古 自 治 区 地 方 标 准

DB15/T 3351—2024

饲用燕麦草饲喂评价

Feeding evaluation of the forage oat hay

2024-02-23 发布　　　　　　　　　　　　2024-03-23 实施

内蒙古自治区市场监督管理局　　发　布

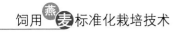

前　言

本文件按照GB/T 1.1—2020《标准化工作导则　第1部分：标准化文件的结构和起草规则》的规定起草。

本文件由内蒙古自治区农牧厅提出。

本文件由内蒙古自治区畜牧业标准化技术委员会（SAM/TC 19）归口。

本文件起草单位：内蒙古自治区知识产权保护中心、内蒙古大青山国家级自然保护区管理局、内蒙古自治区农牧业科学院、内蒙古草业技术创新中心有限公司、呼和浩特市园林建设服务中心、内蒙古自治区农畜产品质量安全中心、内蒙古自治区农牧业技术推广中心。

本文件主要起草人：李宁、聂竹彦、李胜利、张春华、王博、杨鼎、萨初拉、金鹿、张崇志、刘利、宝华、刘威、胡晓晓、吴宝升、张跃华、赵英、马力。

DB15/T 3351—2024

饲用燕麦草饲喂评价

1 范围

本文件规定了饲用燕麦干草饲喂量、饲喂原则、燕麦草饲喂品质评价。

本文件适用于规模化养殖场及养殖户牛羊饲用燕麦草饲喂评价。

2 规范性引用文件

下列文件中的内容通过文中的规范性引用而构成本文件必不可少的条款。其中,注日期的引用文件,仅该日期对应的版本适用于本文件;不注日期的引用文件,其最新版本(包括所有的修改单)适用于本文件。

GB/T 23387 饲草营养品质评定 GI法

GB/T 3358.1 统计学词汇及符号 第1部分:一般统计术语与用于概率的术语

GB/T 40835 畜禽饲料安全评价 反刍动物饲料瘤胃降解率测定 牛饲养试验技术规程

DB15/T 1164 饲草中中性洗涤纤维瘤胃液体外30小时降解率的测定

DB15/T 1172 奶牛粗饲料品质评定-GI2008法

3 术语和定义

下列术语和定义适用于本文件。

3.1

燕麦干草 oat hay

以单播燕麦草(包括皮燕麦和裸燕麦)为原料,经刈割干燥和打捆后形成的捆形产品。

4 饲喂原则

4.1 分群饲喂

牛和羊应根据各个阶段分群饲喂。

4.2 饲喂方式

燕麦草切为 2 cm～3 cm 小段进行饲喂,饲喂时搅拌于 TMR 日粮中于早上和晚上各进行饲喂 1 次。

5 饲喂量

5.1 奶牛及肉牛饲喂量

5.1.1 犊牛(0～6 月龄)

15 d后可补饲少量切碎的燕麦干草,100 g/d左右,逐渐增加饲喂量,到2月龄断奶时大约600 g/d。犊牛断奶后继续增加燕麦干草喂量,至6月龄可达到1 kg/d。

5.1.2 育成牛(7～15月龄)

燕麦干草饲喂量可逐步达到2 kg/d～3 kg/d。

5.1.3 后备牛(16～24月龄)

燕麦干草的饲喂量从2 kg/d～3 kg/d可逐步达到5 kg/d～6 kg/d。

5.1.4 产奶牛(25月龄以上)

以日产奶量为主,结合胎次和泌乳阶段考虑燕麦干草用量。日产奶30 kg以上高产牛饲喂燕麦干草6 kg/d～9 kg/d。日产奶20 kg～30 kg中产牛饲喂燕麦干草3 kg/d～6 kg/d。日产奶20 kg以下低产牛饲喂燕麦干草1 kg/d～3 kg/d。

5.1.5 干奶牛

可饲喂燕麦干草1 kg/d～3 kg/d。

5.2 羊饲喂量

5.2.1 羔羊(0～6月龄)

羔羊出生15 d后可补饲少量切碎的燕麦干草,100 g/d左右,逐渐增加饲喂量,到3月龄断奶时大约300 g/d。断奶后继续增加燕麦干草喂量,至6月龄饲喂量可达到500 g/d。

5.2.2 育成羊(6～18月龄)

育成羊每日饲喂量可达到1.0 kg/d。

5.2.3 成年羊(18月龄以上)

成年羊每日饲喂量可达到1.0 kg/d～1.5 kg/d。

6 燕麦草饲喂品质评价

6.1 相对饲用价值（RFV）

燕麦草饲喂品质评价采用相对饲用价值（RFV）、相对饲草品质（RFQ）、中性洗涤纤维体外30 h降解率（NDFD30）、120 h无灰分未消化中性洗涤纤维（uNDFom120）、240 h无灰分未消化中性洗涤纤维（uNDFom240）、30 h体外干物质消化率（IVDMD）、30 h中性洗涤纤维消化率（NDFD30 h）、尼龙袋降解率、粗饲料分级指数（GI）、每吨干物质可产生奶量等进行评价。

样品中相对饲用价值按式（1）计算:

$$RFV = DMI \times DDM / 1.29 \cdots\cdots\cdots\cdots\cdots（1）$$

式中:

DMI——干物质采食量,以占体重百分比表示,DMI=120/(NDF, %DM);

DDM——可消化干物质,以占干物质百分比表示,DDM=88.9−(0.779×ADF,%DM)。

6.2 相对饲草品质（RFQ）

样品中相对饲草品质按式（2）计算：

$$RFQ = DMI \times TDN / 1.23 \quad\cdots\cdots\cdots\cdots\cdots\cdots\cdots\cdots\cdots\cdots (2)$$

式中：

DMI——干物质采食量；

TDN——总消化养分。

其中 $DMI_{禾草}=-2.318+0.442\times CP-0.0100\times CP_2-0.0638\times TDN+0.000922\times TDN^2+0.180\times ADF-0.00196\times ADF^2-0.00529\times CP\times ADF$；$TDN_{禾草}=(NFC\times0.98)+(CP\times0.87)+(FA\times0.97\times2.25)+(NDFn\times(NDFDp/100))-10$；CP 为粗蛋白，以占干物质百分比（% DM）表示；EE 为粗脂肪，以占干物质百分比（% DM）表示；FA 为脂肪酸，以占干物质百分比（% DM）表示，计算公式为 FA=EE－1；NDFCP 为中性洗涤不溶蛋白；NDFn 为无氮 NDF，计算公式为 NDFn= NDF－NDFCP，或者 NDF×0.93；NDFD 为 30 hNDF 体外消化率（NDF %）；NFC 为非纤维性碳水化合物，以占干物质百分比（% DM）表示，计算公式为 NFC = 100 － (NDFn+CP+EE+灰分)；NDFDp=22.7+0.664×NDFD。

6.3 干物质体外 30 小时消化率（IVADFD30）

将 0.5000 g 燕麦干草样品在瘤胃缓冲液中消化 30 h 后，烘干后干物质的量占原样品干物质的百分比（%）。

样品中干物质体外 30 h 消化率按式（3）计算：

$$X = \frac{W_1 - W_2}{W_2} \times 100 \quad\cdots\cdots\cdots\cdots\cdots\cdots\cdots\cdots\cdots\cdots (3)$$

式中：

X——样品在 30 h 时间点的体外消化率，单位为百分比（%）；

W_1——样品中干物质的重量，单位为克（g）；

W_2——经过 30 h 体外消化后残渣样品中干物质的重量，单位为克（g）。

6.4 中性洗涤纤维体外 30 h 降解率（NDFD30）

中性洗涤纤维体外 30 h 降解率按照 DB15/T 1164 进行测定。

6.5 120 h 未消化无灰分中性洗涤纤维（uNDFom120）

将 0.5000 g 燕麦干草样品在瘤胃缓冲液中消化 120 h 后，未消化无灰分中性洗涤纤维（uNDFom240）以 DM 的%表示。样品中中性洗涤纤维体外降解率按式（4）计算：

$$Y = \frac{W_3 - W_4}{W_4} \times 100 \quad\cdots\cdots\cdots\cdots\cdots\cdots\cdots\cdots\cdots\cdots (4)$$

式中：

Y——样品在 120 h 时间点的中性洗涤纤维瘤胃液体外降解率，单位为百分比（%）；

W_3——样品中性洗涤纤维的重量，单位为克（g）；

W_4——经过 120 h 体外降解后残渣样品中中性洗涤纤维的重量，单位为克（g）。

6.6 240 h 未消化无灰分中性洗涤纤维（uNDFom240）

DB15/T 3351—2024

将 0.5000 g燕麦干草样品在瘤胃缓冲液中消化240 h后，未消化无灰分中性洗涤纤维（uNDFom240）以DM的%表示。样品中中性洗涤纤维体外降解率按式（5）计算。

$$Z = \frac{W_5 - W_6}{W_6} \times 100 \quad\cdots\cdots\cdots\cdots\cdots\cdots\cdots (5)$$

式中：

Z——样品在240 h时间点的中性洗涤纤维瘤胃液体外降解率，单位为百分比（%）；

W_5——样品中中性洗涤纤维的重量，单位为克（g）；

W_6——经过240 h体外降解后残渣样品中中性洗涤纤维的重量，单位为克（g）。

6.7 尼龙袋降解率

按照GB/T 40835利用尼龙袋测定法进行燕麦草瘤胃降解率的测定。

6.8 粗饲料分级指数（GI）

羊粗饲料分级指数按照GB/T 23387进行计算，羊饲草GI分级计算公式为：

$$GI = (ME \times DMI \times CP)/NDF \quad\cdots\cdots\cdots\cdots\cdots\cdots (6)$$

式中：

ME ——代谢能，单位为每千克干物质兆焦耳（MJ/kg DM）；

DMI——干物质采食量，单位为千克每天（kg/d）。估算公式为DMI=45.00/NDF（%DM）；

CP ——粗蛋白，单位为干物质的百分比（%DM）；

NDF——中性洗涤纤维，单位为干物质的百分比（%DM）。

奶牛粗饲料分级指数按照DB15/T 1172进行计算，奶牛饲草GI_{2008}分级计算公式为：

$$GI_{2008} = \frac{NE_L \times DCP \times VDMI}{NDF} \quad\cdots\cdots\cdots\cdots (7)$$

式中：

GI_{2008}——粗饲料分级指数，单位为兆焦耳每天（MJ/d）；

NE_L ——粗饲料产乳净能值，单位为每千克兆焦耳（MJ/kg）；

DCP ——粗饲料中可消化蛋白含量，单位为干物质的百分比（%DM）；

VDMI——粗饲料干物质采食量，单位为千克每天（kg/d）；

NDF ——粗饲料中中性洗涤纤维含量，单位为干物质的百分比（%DM）。

6.9 每吨干物质可产生的牛奶重量（Kg/T）

样品中每吨干物质可产生的牛奶重量（MT）按式（8）计算：

$$MT = (NE_L \times DMI - 0.08 \times 613.64^{0.75})/0.31 \quad\cdots\cdots (8)$$

式中：

NE_L——粗饲料产乳净能值；

DMI——干物质采食量。

其中NE_L（Mcal/lb）=((TDN×0.0245) - 0.12)/2.2。

6.10 结果评价

燕麦草RFV、RFQ、NDFD30、IVDMD、NDFD30h、尼龙袋降解率、GI、每吨干物质可产生奶量等指标值越高，uNDFom120和uNDFom240指标值越低代表饲喂品质评价越好。燕麦草RFV范围为86～144，RFQ范围为119～217，NDFD30范围为74%～88%，uNDFom120范围为7%～21%，uNDFom240范围为11%～17%，NDFD30h范围为74%～88%，每吨干物质可产生奶量为2408 Kg/T～4010 Kg/T，羊燕麦草GI指数参考GB/T 23387进行评判，奶牛燕麦草GI指数参考DB15/T 1172进行评判。

6.11　结果表示

取两次测定结果的算数平均值，计算结果保留2位小数点。

6.12　重复性

根据GB/T 3358.1，在重复条件下同一样品同时两次平行测定所得结果相对偏差≤10%。

ICS 65.020.01
CCS B 20

DB15

内 蒙 古 自 治 区 地 方 标 准

DB15/T 3352—2024

饲用燕麦草产品储运规范

Technical criterion for storage and transportation of whole crop forage oat products

2024-02-23 发布　　　　　　　　　　　　　　2024-03-23 实施

内蒙古自治区市场监督管理局　　发　布

前　言

本文件按照GB/T 1.1—2020《标准化工作导则　第1部分：标准化文件的结构和起草规则》的规定起草。

本文件由内蒙古自治区农牧厅提出。

本文件由内蒙古自治区畜牧业标准化技术委员会（SAM/TC 19)归口。

本文件起草单位：呼和浩特市农牧技术推广中心、中国农业科学院草原研究所、呼和浩特市农牧局综合保障中心、呼和浩特市农畜产品质量安全中心、呼和浩特市林业和草原建设服务中心、呼和浩特市林业和草原综合行政执法支队、内蒙古正时生态农业（集团）有限公司、内蒙古蒙特利尔生态工程有限公司。

本文件主要起草人：黄海、王建华、靳慧卿、高凤芹、杨占卿、马宏伟、杨健、包布和、徐凤珍、李桂英、徐英、刘福泉、石振平、高一平、吴海岩、孟利军、王春玲、李利平、惠晋、李杨、吴彬、许军。

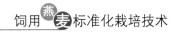

饲用燕麦草产品储运规范

1 范围

本文件规定了饲用燕麦草产品仓储、装卸、运输等技术要求。

本文件适用于饲用燕麦干草捆、饲用燕麦草青贮裹包、饲用燕麦草粉和草颗粒等饲用燕麦草产品的储藏和运输。

2 规范性引用文件

下列文件中的内容通过文中的规范性引用而构成本文件必不可少的条款。其中，注日期的引用文件，仅该日期对应的版本适用于本文件；不注日期的引用文件，其最新版本（包括所有的修改单）适用于本文件。

GB 13078　饲料卫生标准

GB 15569　农业植物调运检疫规程

DB15/T 3353　饲用燕麦草产品追溯规范

3 术语和定义

下列术语和定义适用于本文件。

3.1

饲用燕麦草产品 forage oat products

饲用燕麦草按照一定规程制作的产品，包括方捆草、圆捆草、裹包青贮草、草粉和草颗粒等类型。

4 仓储

4.1 仓储库的要求

4.1.1　仓储区应远离高压输电线路，建在地势高、阴凉、干燥、通风的地方，仓库四周宜排水畅通，有防止外围的水流入或渗入仓储区的措施。

4.1.2　仓储区与生产区、生活区分开，仓库周边应清洁卫生，无异味臭味，无有毒有害污染源。

4.1.3　仓库应做好防火设计，有明显的防火警示标识；应配备必要的消防设施和设备，放置在标识明显便于取用的地点，应由专人保管和维护。

4.2 出入库管理

4.2.1　饲用燕麦草产品入库时应严格检查有无霉变、有害杂质、虫害、污染，水分含量≤12%，卫生指标应符合 GB 13078 的要求。

4.2.2　堆码宜安全、平稳、方便、节约，每垛占地面积≤100 m²，垛与垛间距≥1 m，垛与墙间距≥0.5 m，垛与梁、柱的间距≥0.3 m，主要通道的宽度≥2 m；垛位码放不直接接触地面，选用防滑、耐磨且

DB15/T 3352—2024

不易吸水的材料进行衬垫，码垛时错位码放，上层逐层收拢。

4.2.3　饲用燕麦草产品出入库应做好记录。

4.3　日仓储管理

4.3.1　应建立饲用燕麦草产品仓储信息管理系统，并按照 DB15/T 3353 的要求纳入到产品质量追溯体系中。

4.3.2　定期进行库检，检查垛位有无发热现象，检测仓库内的温度、相对湿度、通风情况。

4.3.3　注意防火、防虫、防鼠、防鸟、防潮、防雨、防霉变。

5　装卸

5.1　视饲用燕麦草产品包装或草捆大小选择装卸方式，小方草捆、小包装、散装饲用燕麦草可采用人工装卸，体积较大的大方草捆、圆柱形草捆使用装卸机或叉车进行装卸，青贮裹包宜使用裹包抱夹机装卸。

5.2　应轻装轻卸，严禁摔、抛、碾压、践踏草捆或包装。

5.3　装卸过程注意人员安全，禁止无关人员靠近。

5.4　装卸过程全程禁火。

6　运输

6.1　运输前准备

6.1.1　根据目的地、运输距离、贮藏要求等制定运输计划，选择火车、汽车、农用运输工具或牧草堆垛运输专用汽车。

6.1.2　运输前检查车辆安全状况，运输车辆（箱）底板、车体侧壁无破损、无变形。

6.1.3　运输工具清洁无污染、无积水，不应使用装载过化肥、农药及其它可能造成污染的运输工具装载饲用燕麦草产品，运输前对运输工具进行彻底地清洁，运载过活体牲畜、粪土等的运输工具应经过清洗消毒后方可装运饲用燕麦草产品。

6.1.4　运输工具应专用，不应与化学物品、有毒有害、有气味及其它有可能与饲用燕麦草产品造成交叉污染的物品混装运输。

6.1.5　装车前应确保饲用燕麦草产品无霉变结块、无虫害、无污染，卫生指标应符合 GB 13078 的要求。

6.2　防护措施

6.2.1　配备清洁、无毒、无害的衬垫、遮盖等物品。

6.2.2　运输过程要用篷布完全遮盖，并捆扎牢固，以防止鼠类、昆虫和鸟类等有害生物进入，同时起到防晒、防雨、以及防止散落的作用。

6.2.3　运输车辆装载应均衡、平稳、节约，不超限超载。

6.2.4　运输工具应配备必要的消防用具，并在醒目位置悬挂防火警示标识。

6.3　运输管理

6.3.1　经常检查运输工具和饲用燕麦草产品，发现异常情况应及时采取措施。

6.3.2　运输过程中尽量减少倒运周转等环节，以减少损耗。

6.3.3　做好饲用燕麦草产品交接手续，运输过程应有完整的记录，并保留相应的单据。

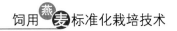
6.3.4 运输过程全程禁火。

6.4 调运检疫

应按照GB 15569的相关要求执行。

ICS　65.020.01
CCS B 20

DB15

内 蒙 古 自 治 区 地 方 标 准

DB15/T 3353—2024

饲用燕麦草产品追溯规范

Traceability specification of forage grass oat products

2024-02-23 发布　　　　　　　　　　　　　　　2024-03-23 实施

内蒙古自治区市场监督管理局　　发 布

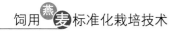
前　言

本文件按照GB/T 1.1—2020《标准化工作导则　第1部分：标准化文件的结构和起草规则》的规定起草。

本文件由内蒙古自治区农牧厅提出。

本文件由内蒙古自治区畜牧业标准化技术委员会（SAM/TC 19)归口。

本文件起草单位：呼和浩特市农牧技术推广中心、黑龙江省农业科学院畜牧兽医分院、蒙草生态环境（集团）股份有限公司、内蒙古自治区农牧业技术推广中心、内蒙古正时生态农业（集团）有限公司、呼和浩特市农畜产品质量安全中心、托克托县农牧技术推广中心、清水河县喇嘛湾镇综合保障和技术推广中心。

本文件主要起草人：靳慧卿、王建华、王晓龙、黄海、贾振宇、王永杰、马宏伟、田志国、刘先芬、任恒、王欢、朱晖、林琳、郭云汉、任永红、刘江河、郭宏伟、李长胜、白聪慧、王磊。

DB15/T 3353—2024

饲用燕麦草产品追溯规范

1　范围

本文件规定了饲用燕麦草产品追溯的基本要求、追溯信息要素、追溯信息管理、追溯标识及质量安全问题处置等内容。

本文件适用于饲用燕麦草产品市场销售、产品质量检验、管理部门和生产单位的追溯。

2　规范性引用文件

下列文件中的内容通过文中的规范性引用而构成本文件必不可少的条款。其中，注日期的引用文件，仅该日期对应的版本适用于本文件；不注日期的引用文件，其最新版本（包括所有的修改单）适用于本文件。

NY/T 1430　农产品产地编码规则

NY/T 1431　农产品追溯编码导则

NY/T 1761　农产品质量安全追溯操作规程　通则

3　术语和定义

下列术语和定义适用于本文件。

3.1

饲用燕麦草产品　forage oat products

按照一定技术和规程生产制作的产品，包括方捆草、圆捆草、裹包青贮草、草粉和草颗粒等类型。

3.2

追溯　traceability

利用相关软件、硬件设备和通讯网络，对饲用燕麦草生产、加工、流通全过程相关环节进行数据采集、存储并通过追溯单元标识代码进行信息追踪和溯源的活动。

4　基本要求

4.1　追溯目标

通过饲用燕麦草追溯规范的实施，达到获得饲用燕麦草产品的产地种植管理、收获加工、贮存条件、装卸运输流通、使用对象等各个环节的产品溯源信息及相关责任主体的目的。

4.2　机构和人员

追溯实施主体应设定专职机构和人员负责饲用燕麦草产品追溯的组织、实施、监控和信息采集、上报、核实及发布等工作；明确追溯管理各岗位职责、权限和责任义务等要求；制定和实施相关培训计划，确保相关工作人员具备开展追溯的能力。

4.3 追溯产品目录

追溯实施主体要依据饲用燕麦草产品类型和来源，划分追溯单元，编制追溯产品目录，明确追溯信息采集的方式和频率，确定生产、加工、流通各环节的追溯精度。

4.4 设备和软件

追溯实施主体应当配备必要的计算机、网络、标签打印机及条码读写等设备，性能应符合追溯管理的技术要求。在饲用燕麦草追溯过程中推荐使用代码化管理，产地信息的编码原则按照NY/T 1430的规定执行，追溯信息编码可由追溯实施主体自行编制，也按照NY/T 1431的规定执行，编码规范满足唯一性和稳定性的原则。

4.5 管理制度

追溯实施主体应制定饲用燕麦草产品追溯实施计划、工作规范、信息采集规范、信息系统维护和管理规范、质量安全问题处置和应急预案等相关制度，并组织实施。

5 追溯信息要素

5.1 追溯参与方

追溯参与方应符合表1的规定。

表1 追溯参与方信息

序号	追溯信息	要求
1	责任主体信息	应包含实施追溯责任主体名称、统一社会信用代码、法定代表人姓名、身份证件类型、身份证件号码及联系方式、生产基地地址等信息。
2	自然人信息	应包含姓名、身份证件类型、身份证件号码及联系方式、生产基地地址等信息。

5.2 追溯环节

追溯环节及对应的基本追溯信息应符合表2的规定。

表2 追溯环节及基本追溯信息

序号	追溯环节	基本追溯信息
1	产地情况	包含产地地址、地块编码、生产规模、产地气候条件及产地环境等内容。
2	生产管理	包含种子来源信息、投入品信息及种植、灌溉等农事操作信息等内容。
3	收获加工	包含收获和加工环节的具体内容。
4	运输贮存	包含运输和贮存环节的具体内容。
5	销售情况	包含销售情况的具体内容。
注：可根据实际情况增加追溯环节。		

5.3 基本追溯信息要求

5.3.1 市场流通过程中基本追溯信息要求应符合表3规定，满足消费者对饲用草产品基本信息溯源的需求。

表3　市场流通过程中基本追溯信息要求

序号	基本追溯信息	要求
1	品牌名称及产品编码	指销售方或生产者所售饲用燕麦草产品品牌名称及其产品编码，编码方法按照NY/T 1430规定执行。
2	产品类型	明确饲用燕麦草产品类型，包含裹包青贮、干草、草颗粒等。
3	规格型号及批次编号	明确标注产品具体的规格型号及生产批次编号，同时包含每件包装的体积及其长、宽、高，或直径、长度，以及重量和含水量（%）。
4	产品质量	包含执行质量标准、等级、粗蛋白质含量（%）、中性洗涤纤维含量（%）、相对饲喂价值等基本情况。
5	产地及生产日期	具体到内蒙古自治区××市（盟）××县（旗、市）××镇（乡）××村（嘎查、社区）；生产日期：××年××月××日
6	供货方信息	包含销售商名称、地址和联系方式以及供货地点。

5.3.2 生产过程中基本追溯信息要求应符合表4规定，满足生产者实现内部自身溯源的要求。

表4　生产过程中基本追溯信息要求

序号	基本追溯信息	要求
1	产地编码	编码方法按照NY/T 1430规定执行。
2	生产规模	单位计量可采用亩或公顷。
3	产地气候条件	包含年平均温度、年降水量、海拔高度等基本情况。
4	产地环境	包含水源、空气、土壤等基本情况。
5	种子来源信息	包含品种名称、生产单位或供应商名称、联系人及联系方式、购入时间、购入数量、经办人等情况。
6	农业投入品信息	包含投入品名称、生产单位或供应商名称、联系人及联系方式、购入时间、生产批次、购入数量、经办人等投入品来源信息，及投放时间、投放地块、面积、投放量等投入品使用记录情况。
7	种植信息	包含种植方式、播种时间、生产面积、生产周期等信息。
8	灌溉信息	包含灌溉时间、灌溉次数、灌溉方式、灌溉量等信息。
9	收获信息	包含基地名称、地块编码、刈割日期、刈割面积、收获方式、批次编号等信息。
10	加工信息	包含加工时间、加工方法、执行标准、加工数量、质量等级等信息。
11	入/出库信息	包含库房位置及编号、垛位编号、品种名称、批次编号、入库时间、入库数量、出库时间、出库数量、库存数量、保管人等信息。
12	储存条件	包含储存温度、湿度等基本信息。

DB15/T 3353—2024

6 追溯信息管理

6.1 信息采集

6.1.1 追溯实施主体要及时记录和保留追溯信息,并保证信息的真实、准确、完整且方便检索和查询。

6.1.2 追溯信息可采用手写记录、电脑录入、扫码录入或者原始文件扫描图片等方式进行记录。

6.2 信息存储

纸质记录至少保留二年,移动存储、计算机存储、云存储等电子记录可长期保存。

6.3 信息传输

保障采集信息安全、完整的前提下,追溯信息的传输尽量采用自动化、信息化的方式进行。

6.4 信息安全

在追溯信息具备防攥改、防攻击、访问权限控制、数据灾备等安全防护能力。

7 追溯标识

7.1 一般采用标签标识,饲用燕麦草销售时应将追溯标识附于产品或产品包装上,标识上应标示品种名称、规格、等级、批次编号、产地、种植基地名称、联系方式等,也可在标识上标示产地信息编码和追溯信息编码。一个标签只能标示一个饲用燕麦草产品。

7.2 散装销售和运输时,标签也应随发货单一起传送。

8 质量安全问题处置

按照 NY/T 1761 的规定执行。